谁都不敢欺骗你

你不可不知的心理分析法

宋　洁◎编著

国家一级出版社　中国纺织出版社　全国百佳图书出版单位

内 容 提 要

本书是一本分析人们心理的著作，教你如何在纷繁复杂的世界中用好心理学的技巧。本书介绍了肢体分析法、眼面分析法、语言分析法、情感分析法和软点分析法等方法，并提供了几十例最贴近生活和职场的案例，还结合了富有经验的犯罪心理学专家所遇到的真实案例，说明该如何进行心理分析。本书旨在帮助读者学会通过心理分析，预测对方的行为，推断出对方的意图，识破对方的心机，并作出恰当的应对。

图书在版编目(CIP)数据

谁都不敢欺骗你：你不可不知的心理分析法 / 宋浩编著.--北京：中国纺织出版社，2017.10（2025.3重印）

ISBN 978-7-5180-3810-7

Ⅰ.①谁…　Ⅱ.①宋…　Ⅲ.①心理学—通俗读物
Ⅳ.①B84-49

中国版本图书馆 CIP 数据核字(2017)第 170719 号

责任编辑：闫星　　　　责任印制：储志伟

中国纺织出版社出版发行
地址：北京市朝阳区百子湾东里 A407 号楼　邮政编码：100124
销售电话：010—67004422　传真：010—87155801
http://www.c-textilep.com
E-mail：faxing@c-textilep.com
三河市金兆印刷装订有限公司印刷　各地新华书店经销
中国纺织出版社天猫旗舰店
官方微博 http://weibo.com/2119887771
2017 年 10 月第 1 版　2025年3月第6次印刷
开本：710×1000　1/16　印张：13
字数：188 千字　定价：69.80 元

凡购本书，如有缺页、倒页、脱页，由本社图书营销中心调换

前言

在日常的生活中，我们或许经常遇到以下这些情况：

当你苦口婆心地开导某个人时，对方却对你的劝说不理不睬；当你真诚地向一个人求救的时候，他非但没有产生任何怜悯之心，反而还对你冷嘲热讽；当你在谈判桌上做出了最大让步时，对方非但不感动，反而变本加厉地提出更加苛刻的条件。

而与之相反的情况我们也会经常遇到：

有些人的观点看起来是站不住脚甚至是荒谬的，他却能够让对方频频点头；他需要帮忙的时候，只需轻轻一句话，就有人乐意效劳；在谈判桌上他寸步不让，对方非但不急不恼，反而还会主动降低自己的要求。

为什么会出现如此大的反差呢？难道是上天的不公平吗？当然不是，出现这种强烈反差最关键的一点就在于你是否控制了对方的心理。

毋庸置疑，每一个人的行为、语言、情感都受到了个人心理的支配。如果一个人对你充满感情，愿意向你诉说衷肠，乐意为你效劳，是因为他在心理上愿意接近你；反之，则是因为他在心理上对你有疏远感和抵触情绪。

当然，别人在心理上对你产生什么样的感觉，关键取决于你自己。要想得到对方的信任、认可、敬畏和顺从的话，你就要想方设法地掌握他的心理、了解他的情感。

那么，怎么样做才能掌握别人的心理呢？想要做到这一点，决不能靠凭空臆想，更不能靠一厢情愿，而是要掌握正确的方法和技巧。具体的方法和技巧究竟从哪里来呢？我们可以向心理学家求教一番。

本书编写的目的就是为了让读者们能够拥有与心理学家一样的洞察人心的智慧，让每一个人都能成为交际的高手，在现实生活当中为自己争取到更多的朋友，获得更大的利益，并以此为台阶走向成功。

在本书中，编者由故事引出方法，由方法联系现实，以便于读者朋友更好地去学习，熟练地掌握他们的沟通方法和技巧，并将这些方法和技巧应用到生活中来，最终来让自己成为一个沟通高手。

编著者

2017 年 1 月

目录
CONTENTS

CONTENTS

第1章

破除陌生感,就从心理上亲近对方的策略

和初次见面的人打交道时,每个人都希望引起对方的注意,得到对方的认可和尊重。要想达到这一目的,就应该在第一时间里抓住对方的心,让对方产生相见恨晚的想法,乐意与你进行交谈,愿意和你做朋友。怎样才能在初次见面时就抓住对方的心呢?心理学家为我们提供的方法就是以符合礼仪的握手方式、得体的称呼作为切入点。在心理学家看来,做好了这两点,就等于让交际成功了一半。

把话说到点子上

几乎每个心理学家都是交际高手。他们在和别人交谈的时候，能够一句话就抓住对方的心，并深深地吸引对方。那些和心理学家交谈的人，不但愿意倾听他的讲话，还愿意主动配合，向其提供必要的信息。

究竟心理学家是凭借什么本领深深地吸引谈话对象呢？心理学家告诉我们，要想让别人和自己进行有效地交谈，形成有益的互动，就要在见面的第一句话上下一番工夫。只要第一句话说好了，就能让对方消除心理屏障，在最短的时间之内与自己形成心理上的共鸣。

心理学家认为，无论交谈对象是谁，第一句话都应该传递出亲热、友善、贴心的信息。唯有如此，才能消除彼此的陌生感，让双方的交谈顺利地进行下去。

心理学家提供了以下三种方式，我们不妨来学习一下。

1.问候式谈话

问候式谈话能够给人带来亲切感。心理学家认为，简短的一句问候可以传递出三方面的重要信息：我把尊重送给你、我把亲切感送给你、我十分愿意和你成为朋友。当你将一句问候传递给对方的时候，就能够让对方了解到你的热情、风度以及涵养。

心理学家詹姆斯常常坐火车出差。在火车上，他就会主动和其他旅客打招呼："您好，您是去老家探亲的吧？"或者说："您好，能不能把您的报纸借我看一下。"于是，他就和那些乘客们天南海北地聊了起来。在聊天的过程中，詹姆斯了解了一些目的城市的情况，也收获了很多重要的信息。

在现实生活中，我们在说第一句话的时候不妨多说一些问候式的话语，多将"您好"作为问候致意的常用语。若能因对象、时间、场合的不同而使用不同的问候语，效果则更好。对德高望重的长者，应说“您老人家好”，以示敬意；对年龄跟自己相仿者，称“老×(姓)，您好”，显得亲切。

2.敬慕式的谈话

心理学家认为，敬慕式的话语能给人带来贴心的感觉。不过用这种谈话方式的时候要掌握一定的分寸，尽量做到恰到好处，不能肉麻地吹捧，在内容上也应该因时因地而异。比如：“您的急公好义在这个城市里是出了名的”“早就听说过您是一位著名的画家，没想到今天竟然能在这里一睹您的风采”，决不能用那些“久仰大名”“百闻不如一见”之类的陈词滥调。

心理学家发现，谁都希望别人关心自己，重视自己，如果你能够对准对方选择话题，对方就会对你产生好感，也就愿意和你交谈下去，提供你想要的信息。

有一次，犯罪心理学家吉姆想从一个作家那里了解一些线索。他见到这位作家时，并没有提和案子有关的话题，而是对他说：“你写的文章棒极了，我经常看你写的文章，有时候还会模仿你的写作手法写一些东西……”作家听后，非常受用，没等吉姆开口问，就将自己了解的情况全部告诉了他。

我们和别人交谈时，不要过多地以自我为中心，而是要多谈谈对方的事情，在言谈之中多说一些仰慕甚至是恭维对方的话。这样的谈话能够消除对方的敌视心理，拉近彼此间的关系。

3.以攀认式拉近彼此的距离

心理学家指出，面对任何一个素不相识者，只要你愿意做一番认真的调查研究，都能够从中找到一些或明或暗，或远或近的关系。找到这种关系之后，就要有效地加以利用，及时地和对方拉关系、套近乎，如此一来，就能迅速地缩短彼此间的心理距离，让对方产生亲切感。

心理学家在和一些陌生人交往的时候，都会尽力地和对方“套近乎”。譬如“听说你来自加州，我的童年就是在那里度过的，说不定咱们小时候还是伙伴呢！”“你是毕业于华盛顿州立大学的硕士，我也是从那里毕业的。今天遇到了校友,真让人感到兴奋啊!”这种初次见面就互相攀关系的谈话方式,能够让对方对你产生亲切感,减少拘束感,也能让其愿意主动和你交谈。

心理学家强调,和陌生人打交道并没有那么可怕,如果你选择躲避,将会一事无成。只要你能够采取主动的态度,热情地说好第一句话,亲切自然地和他们聊天,就能够赢得对方的好感,拉近彼此的距离。在生活中,我们就应该向心理学家学习,和陌生人交谈的时候,说好第一句话,抓住对方的心。

得体的称呼令对方愉悦

心理学家认为,称呼是人与人沟通的开始,它既是见面礼,也是打开交流之门的钥匙。称呼选择对了,对方就愿意与你进行沟通交流,反之,他们就会对你产生排斥心理,拒绝和你进行合作。

称呼绝不是简简单单的一个名词,它体现了一个人的自身修养和对别人的尊敬程度,同时,也表现了交谈双方的关系。因此,每一个人都应该引起足够的重视,决不能乱用错用。

心理学家认为,称呼的基本规范就是要表现出对对方的尊敬、恰当地说明两者之间的关系,让双方的沟通变得更加顺畅,使彼此的距离有效地缩短。这就要求人们在交谈中要注意应有的分寸,使用正确的称呼。

如何正确称呼别人呢?心理学家认为,在国际交往中,因为国情、民族、宗教、文化背景的不同,称呼就显得千差万别。这就要求人们一是要掌握一般性规律,二是要注意国别差异。心理学家根据东西方不同的文化总结出了以下两点。

1.西方人的习惯称呼

(1)重要人物的称呼。对于一些有着较高社会地位的重要人物,要加上

其头衔，如博士、教授、大使、校长等。为了表示进一步的尊重，还应该在这些头衔之前加上对方的全名或者是姓氏。

在西方，有三种称呼在名片上和头衔上始终适用。这三种称呼是：博士（Doctor）、大使（Ambassador）以及公侯伯子男的贵族爵位。

在和重要人物交谈的时候，一定要加上头衔，否则的话，就可能引起对方的不快，也给你带来一些不必要的麻烦。

（2）和自己认识的人的称呼。一般情况下，可以用"Sir""Madam"或者是"Mrs"来称呼对方。不过，值得注意的是，在这些名词之前需要加其姓而不能加其名。比如，美国国父乔治·华盛顿，人们一定称之为华盛顿总统、华盛顿先生，而不能称其为乔治先生。

（3）陌生人的称呼。陌生人也可以以"Sir"和"Madam"称呼之。不过前提条件是对方看起来是一个长者或者是虽不知对方的名字却知道对方的地位很尊贵。另外，对于正在执行任务的官员和警员，人们可以直接以"Sir"来称呼之。而女士则一律以"Madam"来称呼，不论她是否已婚。

（4）年轻人的称呼。年轻的男性可称之为"Young man"，女性则一般称为"Young Lady"，如果对方是一个小孩子，则可以礼貌地称之为"Young Master"，也可以为表示亲昵而称呼其"Kid(s)"。

2.中国人的习惯称呼

（1）称呼姓名。如果对方是自己的同事、同学和朋友，彼此之间都非常熟悉，就不妨直呼其名，比如，"王浩""张宁"等等；如果对方比自己年龄小，也可以呼其名，这样就显得比较亲切。但如果对方比自己年长，就不能如此称呼了。对于年长者，一般可称其为"老张""大周"；对待那些和自己关系很好的人，称呼他们的时候，最好不要带姓，叫名字就可以了。

（2）职务性称呼。在交往对象之中，有不少人具有高级或者是中级的职称，这是他们取得一定成就的具体标志，那么这就要求我们在称呼他们的时候要直接以职务相称。这种职务性的称呼可以分为三种：直接称呼，比如

"教授""博士""工程师"等;在姓氏后面加上职位,比如"王教授""张工程师""赵校长"等;在姓名之后加职称,这种一般用于正式场合,比如"李鹤鸣教授""周天祥社长"等。

(3)职业性称呼。在交际生活中,有时候可以根据对方的职业进行称呼。用对方当前从事的职业进行称呼可以表现出你对他的了解和兴趣,比如直接称呼对方为"老师""医生""律师"等。在这种职业之前,通常是要加上姓氏或者姓名的。

(4)性别年龄性称呼。在交际场合中,如果不清楚对方所从事的职业,不妨按照约定俗成的称呼来称呼对方。在称呼别人的时候,既要注意性别的差异,又要注意年龄段的不同。在以前的时候,称呼未婚女性为"小姐",已婚女性为"女士",现在已经没有了这种严格的界限。至于男性,最好还是称呼"先生"为佳,那些"哥们""兄弟"的称呼,最好不用。

起个特别的称呼

我们已经了解到,称呼是人与人相处时的见面礼,打开交流之门的钥匙,也明白了正确称呼别人的重要性。不过,心理学家告诉我们,在如何称呼这个问题上,没有必要完全遵照一个硬性的规定,也没有必要采用公式化的方式来称呼别人。在特殊的交谈对象面前,在非正式的交谈场合中,完全可以采用特别的称呼来称呼对方。这样就能够让对方"顺从"你,对你产生好感,积极与你进行交流和沟通。

那么,什么是特别的称呼呢?心理学家认为,这没有严格的规定,只要是能够让交谈对象感到舒服亲切的称呼就可以。比如,他们在和别人打交道的时候,除了称呼对方"先生""教授"之外,还会用"伙计""兄弟"这些比较亲昵的称谓来称呼对方,以此来拉近两者的心理距离,获得对方的好感。

在我们和别人打交道的过程中，非正式场合远远多于正式场合。在非正式场合下，就不妨暂时收起那些显得太过于正式的称呼，选择特别的称呼来称呼他人。事实上，特别的称呼远比那些“符合理解”的称呼要管用得多，取得的效果也好得多。

在现实生活中，利用特别的称呼来与人打交道的人很多。这些特别的称呼为他们加分不少。

有一家医院在为住院病人进行护理服务的时候，护士们习惯用床号来称呼病人，病房里经常响起“3 号打针”“5 号吃药”的声音。对此，病人们感到非常不适应，也有些腹诽，觉得活生生的人竟然被一个个编号所取代。有一些自尊心强的人甚至认为喊床号就好比是叫犯人似的，因此，他们对护士就显得有些不满，脾气大的人还经常朝他们发火。

院领导得知这一情况之后，就要求护士们不再以床号称呼病人，规定一律按照病人的年龄、职业、职务等礼貌地称呼病人，如爷爷、奶奶、老师、工程师、老王、老张等。此举一出，立即受到病人的赞扬，护士和医生们也受到了前所未有的欢迎，病人们认为，这虽然是一件小事，但是却让人备感亲切，让他们对医院有了家的感觉。

自从医院改变了对病人的称呼之后，医患关系得到了较大的改善，医生与病人之间就显得非常亲热。没过多长时间，锦旗就挂满了医院里的各个办公室。

在人际交往中，特别的称呼能够融化他人的抵触情绪。因此，在必要的时候，我们就不妨以特别的称呼来对待交谈对象。那么，究竟该采用怎样的称呼呢？心理学家为我们提供了如下几点建议。

1.用彼此之间的关系来进行称呼

有些人认为，和陌生人之间的关系只是陌生人，无法确定一个明确的关系。心理学家告诉我们，在与陌生人沟通交谈的时候，不妨假设一种关系，比如，称呼对方为“大哥”“阿姨”，或者是“兄弟”“朋友”等。在心理学家看来，这种特殊的称呼远比“先生”“女士”听起来更亲切一些、随和一些。

2.小名或者是外号

心理学家告诉我们，在和熟悉的人进行沟通交流的时候，完全可以称呼对方的小名或者是外号，因为只有朋友之间才会“毫无顾忌”地这样称呼对方。当你用这样的称呼来对待别人的时候，就传递了彼此都是自己人的信息。听到了这样的称呼，交谈对象就会有耳目一新的感觉，也会很自然地把你当成自己人，愿意和你进行交谈，主动告诉你想要的信息。

不过，心理学家还提醒我们，在叫他人外号的时候，要注意一下场合。毕竟，有些外号只适合在私下里使用，不能在大庭广众之下乱叫。因为，在人多的场合呼叫小名，在对方看来，不是亲昵，而是侮辱。

3.不喊全名，直呼名字或者是名字中的最后一个字

比如，你的交谈对象是一个叫“吴良宇”的人，为了表示亲切，你完全可以以一种自然的态度称呼他为“良宇”或者是“宇”，这种称呼远比称呼全名要好得多。因为称呼起全名来就显得非常生硬，也太过于庄重，容易让对方产生距离感。再者，这种称呼既显得亲切，又是真情的流露，也不会给别人带来负面的心理反应，完全可以称得上是得体的称呼。

通过握手判断对方性格

在人们的日常沟通中，互相致意是必要的。由于文化背景、风俗习惯以及沟通场合、熟识程度等因素的不同，人们致意的礼节也丰富多样，如点头、鞠躬、拱手、拥抱等。其中，握手是现在最为普遍的“见面礼”。

握手是人类在长期的交往中逐渐形成的见面礼仪。在原始社会，人们经常持有石块或者是棍棒等物。两个人相遇时，为了表达没有敌意，就会放下手中的器物，伸出手掌，让对方抚摸掌心，久而久之，就形成了握手的

礼节。

心理学家告诉我们，握手作为一种礼节，也有很多学问。首先，握手能反映出一个人的心理状态。例如，软弱无力的握手反应握手者缺乏自信心；故意握得太紧，则反映出握手者是在挑衅对方；略带一点儿力量而不是故意用力挤压的握手，则表明一个人的自信与热情。因此，要想通过握手来与别人建立友好的关系，首先就应该了解握手的礼仪。否则，一个无心的动作就可能为你与别人的交流带来阻碍。那么，究竟该怎样握手才是合适的呢？心理学家为我们提供了如下几点建议。

1.注意顺序

在心理学家看来，握手是一个非常讲究先后顺序的礼节。比如，有人前来拜访时，主人就应该先伸出手来，以示对来者的欢迎；客人离开时，主人就要在客人伸出手之后再与之握手，否则的话，就有了逐客的嫌疑。

除此之外，心理学家还提醒我们：在上下级之间，上级伸出手来，下极才能伸手与之相握；在长辈与晚辈之间，长辈伸出手来，晚辈才能伸手与之相握；在男女之间，女人伸出手来，男人才能伸手与之相握。总之，就是要坚持上级、长辈、女士优先，下级、晚辈、男士在后呼应的原则，决不能抢先，以免失了礼数。

2.掌心不能向下压

心理学家强调，在与人握手时，只需把手自然大方地伸给对方即可，如果需要表示对对方的尊重，掌心应向上。切忌掌心向下压，因为那样容易给人留下一种傲慢、盛气凌人、粗俗无礼的印象。

3.要专心

心理学家认为，握手是一种礼节，并不是应付的动作。如果一个人在和他人握手时，出现左顾右盼、心不在焉的情况，或者一边同人握手，一边又与其他人打招呼，势必会给他人留下恶劣的印象。因此，在与人握手时，需要两眼正视对方的眼睛，以示诚意。

4.注意时间

有人喜欢握着别人的手问长问短，啰嗦个没完没了。这种握手方式看似热情，实际上却显得太过分了。如果对方是一个女士的话，你握着手一直不放，很可能会被他人当成骚扰。

5.用右手握

心理学家告诉我们，如果右手没有不适之处的话，就不要用左手与他人握手。尤其是在穆斯林和印度人面前更要注意这一点，因为在他们的意识里，左手是不干净的象征。

6.忌随处滥用双手握手

双手紧握，代表了热情与友好，但若是使用的太多，就会被人认为是虚情假意、逢场作戏。故而，在绝大部分情况下，最好用单手去握，免得给对方带来不快。

7.坚持适度原则

有人为了表示自己的热情、真挚，与人握手时，用力较猛，这种做法不仅会弄疼对方，还显得粗鲁。与此相反，有人为了显示自己的清高，只伸出手指尖与人握手，而且一点儿力也不用，这种做法也有失妥当，让人觉得你冷漠、敷衍。显然，过重过轻都不合适。怎样才适度呢？心理学家告诉我们，正确的做法是用手掌和手指的全部不轻不重地握住对方的手，然后再稍稍上下晃一下。

8.忌过分客套

有的人不论跟谁握手，都一个劲儿地点头哈腰，这样做，明显就是过分客套。心理学家告诉我们，与人握手，应该同时致以问候，如果条件不允许出声，点下头也算打了招呼、致了问候。对上级、长辈或贵宾，为了表示恭敬，握手时，欠一欠身，也未尝不可。

9.不能交叉握手

有些场合，需要握手的人可能较多。碰到这种情形，可按由近及远的顺序，依次与人握手。切不可交叉握手，尤其是和西方人打交道时更应避免

（即两个人的手相握时，另外两人相握的手不能与之交叉）。因为交叉会形成十字架图案，在西方人看来，这是非常不吉利的事情。

五种错误的握手方式

有为数不少的人认为，握手只是一种简单的接触动作，没有必要认真看待，也没有必要注意太多。也有为数不少“不拘小节”的人在与人握手时表现得非常随意，并且还有一种自我陶醉感。心理学家告诉我们，握手虽然只是短时间内的一个小小动作，其在社交当中的重要性却是不可小视的。他们认为，在正式场合中，选择什么样的握手方式是非常有讲究的，方式选对了，就能够给人留下良好的感觉，方式选择错了，则会让人心生厌恶之感。如果一个人不了解握手的注意事项，掌握不好分寸，选择了错误的方式，必定会给自己的生活带来不便，也给自己的事业带来阻碍。为了避免出现这种情况，就要远离错误的握手方式。

究竟什么是错误的握手方式呢？心理学家总结了以下五种。

1.击剑式握手

所谓击剑式握手，就是在和别人握手的时候，不是自然、正常地将胳膊伸出去，而是以手心向下的形式突然把一只僵硬、挺直的胳膊伸到别人面前。心理学家告诉我们，这是一种令人感到不快的握手方式，它表达的是进攻，而不是友好。这种握手方式会让对方认为是鲁莽、放肆、缺乏修养、不尊重人。同时，这种握手方式也容易给他人带来一种制约感。受到了制约的人，心里就会感觉非常不舒服，也非常容易产生逆反与厌烦的情绪。如此一来，就会给彼此的交流带来不和谐的因素。因此，我们在和别人握手的时候，就应该避免使用这种错误的方式。

2.戴着手套握手的方式

心理学家告诉我们，当你戴着手套与别人进行会面却不想摘掉的时候，完全可以不与对方握手，只需亲热地打个招呼即可。如果为了表达热情与真诚，非要去握手的话，就一定要把手套摘下来，决不能隔着一层东西与对方的手进行接触。须知，戴手套与人握手是一种非常不礼貌的做法，它意味着你不愿意和别人进行肢体的接触。

有些人想当然地认为，只要我主动与他握手，戴手套也没关系，同样对他表示热情、友好。其实，这种看法是不对的，即使对方是你的好朋友，看到你的手套之后，想必心里也会有疙瘩，绝对不会很舒服。

3.死鱼式握手

所谓"死鱼式握手"，是一种比喻的说法。意思就是说，伸出的手软弱无力，像一条死鱼一样，任由对方把握。这种握手方式既代表了一个人的不自信，又代表了他有一些抗拒心理。

我们都知道，握手本身是一种表示亲切与友好的礼节，如果你伸出的手就像死鱼一样，那么对方要么认为你不愿意和他交往，要么就认为你无情无义，甚至还有可能认为你是一个性情软弱、优柔寡断的人，因此，就会对你产生轻视的心理。如此一来，整个谈话就会对你产生极其严重的负面影响。因此，在和他人握手的时候，应避免使用这种握手方式。

4.手扣手式握手

这种握手方式也是握手的大忌，被心理学家们讥笑为"政治家的握手"。该握手方式的表现形式是：主动握手者先用右手握住对方的右手，然后再用左手握对方右手的手背。也就是说，主动握手者双手扣住对方的手。如果是久别重逢的好友之间或者是对别人进行慰问的时候采用这种握手方式，还能说得过去，因为它表达出了热情而又真挚的情感。但是，如果你面对一个陌生人也采用这种方式的话，很可能引起对方的怀疑。他们会觉得，你对他有所企图。于是，在接下来的交谈中，他就会处处小心，时时提防，不肯与你推心置腹，不愿意把自己的想法和意见表达出来。如此一来，整个会谈就会朝着对你不利的方向发展。

5.虎钳式握手

“虎钳式握手”也是一种比喻的说法。意思就是说，在与人握手的时候用拇指和食指紧紧抓住对方的手，犹如老虎钳子一样紧紧地攥握住对方的四指关节处。这种握手方式会给对方带来疼痛感，也会带来一些心理上的不适。故而，几乎所有的人都非常讨厌这种握手方式。

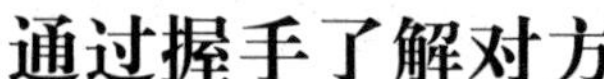

通过握手了解对方

心理学家告诉我们，握手不仅仅是一种礼节，也是一个人心理性格的集中反映。细心留意一下，就能够从一个人的握手方式中了解到对方的心理。与人交往时，如果我们想在最短的时间内了解对方的话，就可以和心理学家们学习一下，了解不同握手方式所代表的不同性格。

1.握手的力量非常大，让人有疼痛的感觉

这种人都比较热情和真诚，性格上坦率而又坚强。不过，如果握手的时间太长，就证明这个人喜欢逞强而又非常自负。

2.握手的时候软绵绵的，只是轻轻一触就离开

习惯这种握手方式者，多数属于内向型的人。他们有一种说不出的自卑心理，在看待事务的时候，常常比较悲观，遇到一些变故，情绪就容易低落。

3.握手时不主动，手臂呈弯曲状态，并且主动向自身贴近

这样的人多数都是一些小心谨慎的封闭保守者，他们做事不主动，自我保护意识也非常强。

4.握手的时候略显迟疑，等对方伸出手一段时间之后才慢慢地将手递

过去

习惯这种握手方式的人，处理事情的时候优柔寡断，没有魄力。

5.从来不握手的人

这种人对握手的礼节感到非常厌烦，认为这只是例行公事，是表面文章，没有多大意义。这样的人都是一些自视清高者，做事喜欢一意孤行，在处理问题上往往会显得比较草率。在和人相处的时候，他们缺乏足够的诚意，并不值得深交。

6.握手时间比较长，久久不肯松开

这样的人都比较有耐力，做事也比较有恒心。不过，也不排除另一种可能，那就是喜欢争强好胜，就连握手这么一件小小的事情也忘不了和别人比试一下，看看谁先收手，更不用说其他的事情了。

7.把对方的手握得很紧，但马上就松开了

喜欢这种握手方式的人，通常都是交际中的高手，他们很会拿捏分寸，能够游刃有余地处理好和别人的关系。不过，这样的人通常都喜欢做表面文章，他们表面上可能会对每一个人都表现得非常真诚和友善，但他们的内心却不相信任何人，对别人有着强烈的防范心。

8.手心潮湿，握手时略显紧张

这种人从表面上看去非常平静，一副优雅从容的样子。但是，他们的内心却非常不平静，只不过善于掩饰罢了。这样的人多多少少有一些虚伪，但人品整体还是不错的，让人值得信赖。

9.握手时没有一点力气，表情显得有些不情愿

这样的人都是心灵比较脆弱的人。他们缺乏干劲和果断利落的魄力，做事总是犹豫不决。他们非常在乎别人对自己的评价，渴望给人留下一个良好的印象，但实际上却事与愿违，别人常常会在转身之际就把他们给忘了。

10.握手时喜欢双手并用

这样的人大多都是比较热情的，但有时候会因为热情过火而让人难以

接受。这种类型的人大都不喜欢受到某种约束和限制，而是向往自由，喜欢按照自己的意愿去生活。他们有着叛逆的性格，不愿意被一些繁文缛节所限制，不过在对待朋友上，他们非常热情。

11.把别人的手推回去的人

这类人有着比较强的自我防御心理。他们缺乏安全感，所以时刻都做着战斗的准备。通常情况下，当别人还没有出击之前，他们就先下手为强，来占据主动。

12.像虎头钳一样紧握他人之手的人

这种类型的人都有一种很强的控制欲，喜欢支配他人、征服他人。为了达到自己的目的，他们就会耍一些心机，运用一些策略和技巧。可以说，他们是工于心计。有时候他们表现得非常热情，但那只不过是表面现象，实际上，这样的人在大多数情况下都显得比较冷淡和默然，甚至还有些残酷。

13.习惯于抽水机般握手方式的人

这种类型的人大都精力充沛，能够在同一时间内去做多种不同的事。他们为人亲切随和，但却非常有魄力，言出必行，做事干净利落，是天生的领导者。

热情但要适度

心理学家认为，与人交往，第一印象非常重要，而“见面礼”则是形成第一印象的重要基础。因此，他们就强调，在和别人见面的时候，一定要把最好的一面呈现给对方，让其了解到自己的真诚与热情。

不过，心理学家同时还强调，在表现和表达热情的时候并不意味着对人要像一团火一样，而是要把握必要的火候，坚持一定的原则和分寸。这是因为初次见面的人，无论表面上多么客气、多么热情，但心里都会有一些设防。

毕竟，初次见面，对方对你一无所知，小心谨慎一些也是情理之中的事。作为主动方的你，有必要去拉近彼此间的距离，但这并不意味着一定要在初次见面的时候与对方建立亲密无间的关系。事实上，这一点，谁都难以做到。因此，你就没有必要做出一见如故状，与对方过分地亲热。否则的话，就容易造成对方对你的疏远以及厌恶。

在现实生活中，有许多人根本不懂这一点，与人见面时表现得总是过于热情，最后给自己带来了不少麻烦。

有一次，王伟应邀去见一位客户。为了能给客户留下一个深刻的印象，他表现得相当热情。见面之后，他紧紧握住客户的手嘘寒问暖，久久不肯松开。交谈时，他不急于谈业务，反而把大量的时间都用在了套感情上，他谈自己的感情史、奋斗史、家族史，甚至连最近的烦心事都告诉对方。王伟本来是想通过透露自己的一点私事拉近彼此的关系，没想到却弄巧成拙。客户耐着性子听他把话说完，客客气气地将他送出大门。从此之后，就再也不联系他了。

心理学家告诉我们，过度的热情属于喜欢自我暴露的一种表现形式，它非但不能获得别人的好感，反而还会给人带来压力，进而造成了对方的疏远与冷漠。很多热情过度的人弄巧成拙的原因，就在于忽略了一个“度”的问题。

初次和陌生人见面的时候，我们需要掌握一定的分寸。那么，是不是说在熟人面前就可以肆无忌惮了呢？当然不是。心理学家告诉我们，在和朋友见面的时候可以放松一些、随意一些，但是，如果和上司打交道的话，还是要掌握一定的分寸。

心理学家强调，在工作中，你和领导扮演着不同的角色，因此，你就要本分一些。和领导见面之后，一定要表现出对其应有的尊重。哪怕在私下场合你们之间的关系非常好，也不能表现得太亲昵了。毕竟，每一个领导都非常在意上下有别，表现得太亲热了，在领导看来就是以下犯上，是叛逆。故而，还是掌握一些分寸为妙。

心理学家告诉我们，一个人表现得太热情了，就难免会给他人造成一种压力和无形的负担。那么，怎样才能掌握好火候，把握好分寸感呢？心理学家为我们提供了如下几点建议。

1.称呼可以亲切而不能肉麻

亲切亲昵的称呼可以拉近彼此之间的关系，但是肉麻的称呼则很有可能让对方身上起鸡皮疙瘩。比如，你称呼别人为“兄台”的话，对方会觉得你是一个热情而又知礼的人。但是，如果你肉麻兮兮地称呼对方为“亲爱的”的话，对方很可能就不适应，认为你是在故意恭维他，对他另有企图。

2.交谈时间不宜太长

心理学家认为，交谈的时间太长，会耗尽人的精力，容易造成疲倦感。如果你为了表现自己的热情而拖延交谈时间的话，就容易引起对方的反感。如此一来，即便是他在刚一开始的时候对你有着很好的印象，恐怕也会被这漫长的交谈时间给冲击得无影无踪了。

3.尽量不产生肢体接触

心理学家认为，双方见面之后，除了握手、拥抱、碰鼻的礼节性接触之外，就尽量不和对方发生肢体接触，以免给别人带来不快。比如，为了表示亲昵的勾肩搭背就是很多人都抵制的，因为这样做表达的不是真诚和热情，反而是对对方个人空间的一种侵略，会让对方感到压抑。

第2章

肢体分析，通过动作了解他人的策略

心理学家认为，与人沟通交流，并不能单纯依靠语言的表达，还需要借助于形体动作。因为一个人在无意之间所表现出的姿态，做出的细小动作，却是其内心世界最真实的流露，其真实可靠度要比任何语言都高。因此，我们需要观察交流对象的形体动作来了解其真实想法，同时还需要控制好自己的形体来表现个人的气势与气场。

通过姿态把握对方情绪

在办公室里，我们经常会在有意无意间看到同事们不同的坐姿与站姿。这些姿势无论是普通也好，还是特殊也罢，都很难引起我们的注意。但是，心理学家却告诉我们，这却是一个人性格的直接体现。有一位资深心理学家说："如果想要了解一个人的思想和个性，只需要认真观察一下他的坐姿和站姿就可以了。"这位心理学家认为，性格决定坐姿和站姿。无论一个人多么善于伪装，但是他那种习惯性的坐姿就会将他的内心世界全部呈现出来。这名心理学家强调，仔细观察一个人的站立和坐着的姿态是了解他的捷径。

下面先来了解一下坐姿。

(1)正襟危坐。两腿并拢并且微微向前倾，整个脚掌着地。喜欢这样坐的人，大部分是真挚诚恳、胸怀坦荡的人。他们在做事的时候，按部就班，有条不紊，力求周密而又完美。不过，他们有一些完美主义倾向，因此也就有了一些思想上的洁癖，哪怕是细节上的疏忽或者是缺憾，也会让他们感觉到不舒服。他们在处理问题的时候喜欢按照固定的程式去做，因此就显得有些呆板。

(2)翘着二郎腿。这是一种非常舒服的坐姿，无论是哪一条腿放在上面，都会感觉非常自然。经常采用这种坐姿的人，一般都比较自信。在人际关系上，也处理得比较融洽，非常受人欢迎。

(3)翘着二郎腿，并喜欢用一条腿勾着另一条腿。经常保持这种坐姿的人为人比较低调，在别人面前也显得谨慎、矜持。他们对自己没有足够的自信，在做事上缺乏魄力，少有主见，甚至有些犹豫不决。不过，由于他在别人面前把握的分寸比较好，因此，也有些吸引力，别人能够看到他优秀的一面，也非常喜欢和他交往。

(4)脚尖并拢,脚跟分开。喜欢这样坐着的人有着很好的洞察力,能够迅速地对一个人的性格做出正确的分析和判断。他们考虑事情比较周到,不过因为顾虑太多,在做事的时候就显得犹豫不决。有时候,因为过于强调一丝不苟而影响了整个事情的解决。这样的人虽然给人的印象不错,但是却并不喜欢交际,他们习惯独处,人际交往只局限于他感觉亲近者的范围之内。

(5)将双腿伸向前,脚踝部交叉。当一个男人采用这种坐姿的时候,通常还会把握起的双手放在膝盖上,或者是用双手紧紧抓住椅子的扶手;而女性采用这种坐姿的时候,通常会在双脚相碰的同时,将双手自然地放在膝盖上,或者是把一只手压在另一只手上。这是一种控制感情、缓解紧张情绪和有恐惧心理、防御意识的典型坐姿。偶尔如此,只能证明一个人当时的心理压力比较大。如果习惯采取这种坐姿的人,那么就说明他是一个表现欲比较强,喜欢发号施令而嫉妒心又比较重的人。这种类型的人很难做到和别人和谐共处,常常会和身边的人发生矛盾。

(6)身体挺直,两腿交叉跷起。这是一种表示防范和怀疑的坐姿。偶尔为之的人,只是因为对某些人有意见或对某些事有看法。如果是长期采取这种坐姿的人,那么就证明他是一个自私自利者,他们只注重自己的感受,对别人的需要漠不关心。在与人相处的时候,他们都会带有很大的敌意,缺乏真诚和热情。

(7)敞开手脚而坐。这暗示了一个人可能具有掌控一切的偏好。这样的人有着很强的权力欲,也具有指挥者的气质和支配性的性格。喜欢这样坐的男人,性格外向,有些大大咧咧,说话喜欢大声。因此,也就显得有些不知天高地厚,不可避免地要招致别人的厌恶和疏远了。如果一个女性经常采用这种坐姿,那么就证明她有些自视清高和自以为是。这样的女性是单纯的,但这种单纯却让人觉得不舒服。

下面再来了解一下站姿。

(1)交叉双足,呈现出放松的姿态。这种姿势往往出现在家庭聚餐的时候,当你发现有人做出这种动作的时候,就能够判断出他就是这个家庭中的主人。

(2)双脚自然站立,左脚在前,左手习惯于放在裤兜里。这样的人为人比较老实敦厚,不会给人难堪,在人际关系的处理上也能达到非常和谐的境界。不过,如果这种人一旦生起气来的话,就会面目狰狞,暴跳如雷,让人感到恐惧。

(3)双脚自然站立,双手插在裤兜里,常常会取出来又插进去。这样的人一般都是比较胆小谨慎的,做起事情来常常会犹豫不决。他们在工作中缺乏变通,如果一旦碰到了失败,就会显得沮丧。

(4)两脚交叉并拢,一手托着下巴,另一手托着这只手臂的肘关节。这种人通常比较自信,做起事情来也很容易投入进去。

(5)两脚并拢或自然站立,双手背在背后。这种人性格比较急躁,但是不轻易外露。他们在和别人交往的时候,一般都能做到一团和气,其中重要的原因是他们很少拒绝人。

(6)双手交叉抱在胸前,两脚平行站立。这种人常常具有强烈的攻击意识和挑战意识,如果碰到了不顺心的事情,他们一定会用比较尖酸刻薄的话去打击和挖苦对方。

(7)将双脚自然站立,偶尔抖动一下双腿,双手十指相扣在腹前,大拇指相互来回搓动。这种人的表现欲非常强,喜欢在公共场合出风头。

什么动作让你更有威慑力

无论是在学校里还是在社会上,老师都有着较高的地位。但是与其尊

贵地位不相称的一面就是，他们在讲课的时候通常都是站着。长时间站立，会给人带来疲惫感。从尊师重教这一基本道德上来说，让老师站着讲课就显得有些残忍。因此，许多人建议让老师也和学生一样坐着。按说这种建议应该得到教师们的大力支持才对，但没想到最后却遭到了绝大多数老师的反对。

这是为什么呢？难道老师们不懂得坐着更舒服一些吗？当然不是，老师们给出了自己的解答：站立讲课，他们的视线可以毫无遮挡地、居高临下地投向每一位学生，学生可以在老师的视线“控制”之下，学生的任何一个小动作、任何一个眼神都可以在老师的“掌控”之中，容易维持课堂纪律；站着讲课，老师可以走下讲台到“下边”巡视，近身观察，以发现学生在学习过程中的问题，让学生利用充分的时间学习。总之，站着说话虽然累些，但却能表现得更有气势，更有威严感，更能让自己处于强势地位。

教育专家曾经指出，在授课效果上，站着讲课和坐着讲课并没有什么本质的区别。但是，站着授课的方式更能够体现出教师的威严，更能让学生认认真真听讲，也能让师生之间形成有效的互动。

美国斯坦福大学的一个教授曾经专门对于“站姿”和“坐姿”给人们带来的影响做过一次调查：他向被测试者提供了两张站姿和坐姿的照片，请他们说出哪一种姿势更具有气势一些。最后发现，有五分之四的人觉得站姿更具有威慑力，而认为坐着更具威慑力的人则不足五分之一。

在气势的表达上，站姿比坐姿更具有优势。对于这一点，心理学家可谓深有体会。他们在和别人进行沟通的时候，为了有效达到沟通目的，就会选择站立的方式。

瑞德是名犯罪心理学家，也是联邦调查局中年纪最轻的主管，他在和下属们开会的时候很少会坐着分配任务，而是尽量选择站立的方式。哪怕是碰到了错综复杂的案子，需要和下属们进行长达三四个小时的商议，他也是站着说话。有一些下属看到之后，于心不忍，就劝他坐下来讲话，但都被他婉言谢绝。

后来，有人问他为什么选择站立的方式与人交谈。瑞德笑着说："在联邦调查局里，我是年纪最轻的主管。尽管我在犯罪心理学方面小有成就，但是在经验和业务的掌握程度上和那些资深的探员们没法相提并论，这是我的致命伤，也是一些老探员不愿意服从我的原因。为了弥补这方面的不足，从气势上镇住那些老探员，我就必须要站着，因为这样会显得比他们高大，会给他们带来精神上的压力，让他们不敢产生欺骗我的想法。反之，如果我选择坐下来的话，那么我的气势就会被削弱，也就难以让他们仰视。在这个时候，他们可能会因为瞧不起我而故意提供一些错误的信息或者是说一些有着弦外之音的话，我就会受到他们的挤兑。"

对于想放松的人来说，坐姿可以说是一个不错的选择。但是，坐下来之后，气势就会受到削弱，随着身体的放松，一个人的语言也就没有了任何张力可言。因此，在沟通对象面前，尽量别采用坐姿。如果说采用坐姿就是处在"守势"的话，那么，站姿就等于处于"攻势"。站着和人进行交谈，就等于是有了强大的气场和咄咄逼人的气势，对方会因为抵抗不住你的强大攻势而缴械投降。

心理学家告诉我们，越是碰到了那些自以为是的沟通对象就越要采取站立的姿势去说话、去表达。因为站立本身能够给人带来威慑，使其因为"矮你一头"而产生恐惧与不安。当其产生恐惧与不安的时候，自然就不敢也不能再要滑头，只能束手就擒，乖乖按照你的思路去做事。

当然，在交流的时候并不是说时时都要站着说话，如果沟通对象是你的莫逆之交，你就可以采取坐着的形式来和其进行交流了。如果你选择了站立的姿势，就等于是故意要压倒对方，给其制造心理压力，使得原本准备对你实言相告的朋友产生不愉快，也很可能使他勃然大怒拂袖而去。因此，这种交流技巧可以多用，但不能滥用，而是要慎用，根据交流对象的不同来决定是不是使用。

从走路姿势看性格

不同的人有着不同的走路方式。走路不仅仅是一种动作，同时也是一个人内心世界和精神状态的反应。心理学家就能够从一个人走路的姿势当中了解他快乐或者是悲伤的情绪、勤奋或者是懒惰的性格，甚至是能否受到欢迎的社交能力。经过长期的实践和观察，心理学家总结了如下几条知识，这些知识对于我们看人识人很有帮助。

1.疾步快行

这是一种脚步沉重而速度又比较快的行走方式，这样行走的人，心里面一定有急事，为了早一点处理掉，他们就显得比较焦急。如果一个人经常采取这种形式走路的话，就说明他是一个沉不住气、内心急躁、比较情绪化的人。

2.脚步匆匆

这样走路的男人多数属于一些心胸狭隘者，他们喜欢对别人吹毛求疵，对他人要求比较苛刻，而且他们的个性都非常阴柔；将这种走路方式当成常有步态的女人，则多属于优柔寡断型的人。如果你细心观察一下，就会发现她们在匆匆的赶路过程中，不仅神色慌张，而且还经常改变方向。

3.慌慌张张地走

这是一种脚步快而轻的走法，行走者很难走出一条直线出来，经常会不知不觉地变换方向，这正表明了他们此刻焦虑的心情。把这种行路方式当成常态的人，一般适应能力都比较强，做事不喜欢拖泥带水，非常注重效率。但是，他们做事的时候考虑的问题有些少，难免会出现丢三落四的情况。

4.慢步小跑

这样走路的人属于典型的现实主义者。他们不喜欢冒险，也不喜欢天马行空地想象，更不会好高骛远、脱离实际，而是有着非常务实的精神。“异想天开”“癞蛤蟆想吃天鹅肉”这样的事，从来不会发生在他们身上。他们注重的是“三思而后行”“一步一个脚印地走”。在和人交往的时候，他们不会轻易相信别人，如果你欺骗了他，他一定会对你怀恨在心。同时，这样的人特别重信义、守承诺，值得信赖。

5.仰视阔步

这样的人都有着强烈的自信心，在和别人交往的过程中，他们能够传递出积极的信息，并且还能用这些积极的精神状态来感染身边的人，因此，也就容易给别人留下非常深刻的印象。

6.大摇大摆地走

采取这种步态的人，虽然有很强的自信心，但是容易自负与自满。他们经常会看不起别人，也喜欢命令别人，因此，就比较容易得罪人。

7.左右摆动着走

这样的人为人比较低调，待人诚恳热情，从来不会给人胁迫感，因此，别人和他们交往的时候，通常都会感到愉悦和谐，愿意和他们亲近。

8.闲庭信步似的走

这种走路方式没有固定的方向，又显得非常大方和从容。喜欢这样走路的人，都与世无争，对名利等东西也看得比较淡。与外在的物质相比，他们更看重的是心灵的享受。

9.无精打采地走

这是一种非常疲惫的步态。采用这种走路方式的人，身体略微前倾，上身有点弯腰驼背。长期这样走路的人，多是一些事业不如意、心灰意冷的人或者是一些地位卑下的下属。

10.慢吞吞地走

这是病人和疲惫者走路的步态。如果一个人偶尔采用这种方式走路，就说明此刻他非常疲惫，只能靠慢步来减轻一下压力。如果一个人将这种步态当成行走习惯，那么，就说明他是一个患有疾病或者是留下了后遗症的人。

11.蹑足行走

这种走路方式一点都不光明磊落，会给人留下一种做贼心虚的印象。实际上，当一个人不愿意让别人察觉自己的时候，往往就会采用这种步态。

12.步态蹒跚

这是一种双腿沉重的行路方式。当一个人采用这种方式走路的时候，就说明他此刻非常疲倦或者是心情极度郁闷，以至于走路都出现了问题。

13.碎步小跑

步伐很小，但是速度非常快。这是一些女性常用而又略显夸张的走路方式。采取这种走路方式的女人，都有一些神经质，容易给人造成一种神经兮兮的印象。

14.跳跃式走

每跨出一步就要让身体向前跃出一步，这是一种非常欢乐的行走方式，也是孩子经常采用的一种步态。如果一个成年人也这样走的话，就说明此刻他的心情非常愉悦，很可能是碰上了什么好事。

如何运用形体姿态来增加好感度

心理学家强调，人与人之间交往的过程从很大程度上来说就是形体姿态交流的过程。不同的形体姿态代表不同的内心世界，是一个人性格与思想的表现形式。心理学家在和别人打交道的时候，非常注意个人的姿态，很少做出让人感觉不舒服的动作来。因为他们知道，交际场合中的绝大多数人都是观察特别敏锐的人，他们也经常会从交际对象做出的不同形体动作之中来了解对方，进而判断其可不可信，能不能交。

心理学家一再强调，要巧妙地运用形体姿态，以此来表达真诚与友善，进而获得交谈对象的好感。那么，究竟怎样做才能运用形体姿态去表达，来促进彼此的沟通与交流呢？心理学家为我们提供了如下几点建议。

1.了解各种形体姿态的含义

心理学家认为，在现实生活当中，无论是去别人家里做客、与朋友聊天，还是去参加会议、做演讲，人们都会在无意识中借助姿态来传达自己的内心感受，而不同的形体姿态则代表了不同的含义，比如：来回搓手表示不安拘束或者是窘迫；摊开双手则表示真诚或者是无奈；双手挥舞则表达轻蔑与挑衅；握紧拳头则表示愤怒与敌视；双手交叉在一起则表示内心封闭，不愿意与人进行交流；正襟危坐代表了心平气和、胸有成竹；僵硬的坐姿则表示内心高度紧张；坐姿不稳、东张西望则表示漫不经心或者是心生倦意；来回摆动二郎腿则表示自高自大，极度自负；用手指轻轻地敲打桌面，则表示沉思与强调；掰着手指头数数则代表了准备充分；利用反复擦眼镜和拿水喝的动作来斟酌词句，代表了内心的犹豫不决，同时也是拖延时间的表现；手里反复摆弄东西表示正在进行缜密的思索；眼光顾及四周则表示心里有不可告人的秘密等。

心理学家强调，人们在交往的过程中，所做出的每一个动作、呈现给别人的每一个姿态都能够表达内心的感受，代表个人的态度。如果运用恰当的话，就能够起到烘托和渲染谈话气氛的作用，也就比较容易引起人们的注意，加深自己在他人心中的印象。因此，正确的形体姿态是人际交往中的纽带和桥梁，有利于思想的传递和表达；反之，不恰当的形体姿态则会给双方的交谈砌起一堵墙，不利于双方的心灵交流。

2.运用形体姿态时要考虑到不同的场合和不同的对象

心理学家告诉我们，同样的一种形体姿态，用于不同的场合和不同的交谈对象上，会起到截然不同的作用。如果不考虑这一点的话，就容易发生错用、乱用的现象，进而产生对自己相当不利的影响。比如，面对一个男性朋

友，我们完全可以运用拍肩膀、捶胸脯之类的动作来表达亲热和友谊，对方也会回报我们以热情的微笑；但是，如果面对一个女性朋友，我们仍然用这种动作来表示友谊的话，非但不能取得良好效果，反而还会引起对方的不快。因为在女性看来，这种动作是粗野、非礼、耍流氓的表现。再比如，在和对手进行谈判的时候，你可以抡拳砸桌，以此来表示自己的不满和决心。但是若在朋友聚会的场合，你动不动就挥起拳头砸桌子的话，恐怕就会遭到众人的唾弃了。

3.运用形体姿态要适度

心理学家强调，利用各种形体姿态的时候务必要做到自然大方，把握分寸，既不能矫揉造作，又不能"蜻蜓点水"。比如，客人见面时互相握手问好，同性之间可以让时间延长一些，但若是异性的话，就不能这样做了；另外，遇到了话说起来没完、长时间没有告辞打算的客人，你可以适当地看一下手表，或者是目视他处，故意打一下呵欠，以此来催促对方迅速离开，但决不能坐立不安或者是背对对方，因为那样就容易伤害对方的自尊心。

4.自觉克服不良的动作和姿态

心理学家认为，细节决定成败。在形体姿态的选择上，也要注意一下细节。一定要远离那些不礼貌的形体动作，诸如挖耳朵、掏鼻孔、剪指甲、脱鞋子、哼小调、打哈欠等，因为那样会影响自己的形象，损害正常的人际关系。

如何用手势营造气场

人类的双手是非常独特的东西，相对于嘴巴而言，它更能表达大脑的意愿。除此之外，有效的手势还能够给人带来非常直观的感受，也会表现出一个人强大的气场。因而，一些善于人际交往的人通常都会利用手势来表达个人想法，展现气场，控制对方的心理。

心理学家通常会通过各种各样的手势来与别人进行沟通。不同的手势能够传达出不同的意思,比如前进、后退、盯住目标、变换队形等。这类动作除了能够正确地传递出心理学家想表达的意思之外,还能够表现出他们强大的气场,深刻地影响对方。我们不妨来学习一下。

1.巧握

心理学家在大庭广众之下发表演说的时候,通常都会把拇指尖与食指尖轻轻地碰触在一起,就好像是手里捏着一直钢针一样。因为在心理学家看来,这种手势能够辅助语言,与其一道将自己的观点有效地灌输到听众的心里去。

在演讲的时候,心理学家还会巧妙地将拇指尖与食指尖握成一种似接非接的状态。两个手指之间存在着一定的距离,就意味着自己所表明的观点未必是正确的,演讲者心中还会有一些疑惑。当心理学家做出这种手势的时候,就表明他有些问题需要向对方请教,和对方探讨,让对方参与到讨论中来。

2.用力捏握

当一个政治家在对大众们进行演讲时,讲到了激烈的部分,往往会把手臂举起,双拳紧握,因为这种手势可以有效地调动听众的情绪,让他们根据自己的意愿去行事。因为,这种手势象征着力量、信念以及决心。

心理学家在演讲的时候也会用到这种手势,不过他们在做出这种手势之前都会先思考一下,想一下自己的话是否具有鼓舞性,能不能调动听众的情绪。如果不能的话,他们就会主动放弃,以免给自己带来尴尬。通常情况下,他们会把手稍微打开一些,让五个手指一起向内弯曲。这种手势与政治家们采用的手势相比,虽然在力度上弱了一些,但却能够有效地引起听众的注意力。

3.指戳

用手指戳对方的身体是一种很不礼貌的行为,因此,心理学家很少会用这种手势来对待知情人。不过，在狡猾的犯罪分子面前，心理学家则经常使用这种手势，因为这种手势进攻性比较强，是一种盛气凌人的表现，就好像是一个箭头直接插入对方的心脏一样，让他感到钻心的疼痛。同时，也能一点一点地逼得对方向后退，最终不得不表示屈服。

4.劈砍动作

这个动作比较有力度，有一种力劈华山的气势。当一个人做出了这种动作的时候，就表示他的心里已经打定了主意，没有了讨价还价的余地。在和一些优柔寡断的人打交道的时候，心理学家通常会采取这种动作来震慑对方，达到一锤定音的效果。

5.用手指点击

这是心理学家经常使用的一种手势。尽管这个手势没有指戳的进攻性强，但表现了一种笃定与淡然。当别人用谎言来应付心理学家的时候，心理学家通常都会故作漫不经心地做出这种手势，在轻轻的点击之下，对方就会觉得心理学家看穿了他的把戏，于是就会惊慌失措，原形毕露。

6.双手呈十字状交叉

这是一个表示否定的手势语。当一个人唾沫乱飞侃侃而谈时，如果看到对方做出了这种动作，激情马上就会降下来，声音就会不由自主地减弱，语言表达也越来越模糊，最终就会放弃表达。

面对顾左右而言他的犯罪嫌疑人或者是故意岔开话题不肯提供线索的知情人，犯罪心理学家通常都会做出这种手势，以此来震慑对方，迫使对方放弃精心设计的谎言。

7.推人状

这也是一个表示否定的手势动作。不过，相对于双手呈十字状交叉的手势而言，要显得温柔一些。这种手势虽然表达了拒绝的意思，但是却显得比较礼貌，既可以表达自己的想法，又不会给对方带来不快。因此，在很多时候，心理学家非常喜欢利用这种手势，平和地表达自己的意愿。

通过手势判断对方言语真实性

心理学家告诉我们,手势在很多时候是一种无意识的动作,而这一无意识的动作则代表了不同的内心世界。如果我们怀疑一个人对自己说了谎却又抓不到证据时,就可以仔细观察一下对方的手势,找到破绽。

心理学家告诉我们,当交谈对象做出如下几种手势时,就基本可以断定他说谎了。

1.捂住嘴巴

这是处于最低级阶段的说谎者常用的动作。当他们下意识地用手捂住嘴巴的时候,就表明他们在试图掩饰谎言。捂住嘴巴并不仅仅表现在伸开手掌遮挡口部这一动作上,还有的人会用几根手指或者是紧握着的拳头来遮住嘴。尽管表现形式不一样,但是表现的内容却是相同的。

用手遮住嘴巴就如同将食指立在嘴唇前说出“嘘”的声音一样。不过两者还有所区别,将食指竖立在嘴唇前的动作多数是有意对别人提出的警告,而用手捂住嘴巴则纯粹属于下意识的动作,主要目的是为了掩饰谎言。

2.触摸鼻子

仅仅从表现上看,触摸鼻子的动作可能会增加一个人的魅力。但是,这种魅力的增加则是建立在有意识地去触摸的基础之上的,如果一个人在无意识中触摸了自己的鼻子,就说明了他在撒谎。无意识触摸和有意识触摸从表象上看去并没有太大的差别,都是用手在鼻子的下沿摩擦,不过无意识触摸往往比有意识触摸的频率要高得多。

心理学家告诉我们,当人们撒谎的时候,一种名为儿茶酚胺的化学物质就会被释放出来,引起鼻腔内部的细胞扩张。同时,人在说谎的过程中鼻子会因为血液流量上升而增大,引发鼻腔的神经末梢传送出刺痒的感觉,人就

只能频繁地用手摩擦鼻子以舒缓发痒的症状。

3.摩擦眼睛

主动地摩擦眼睛可能是为了将事物看得更加清楚一些，下意识地摩擦眼睛则是说谎的信号。比如，当一个孩子不想看到某一样东西的时候，就会用手遮挡住自己的眼睛。当一个成年人看到一些不愿意看到的内容时，也会在不经意间做出摩擦眼睛的动作。

心理学家强调，大脑会通过摩擦眼睛的手势来阻止一些欺骗、怀疑和令人不相信的事情，或者是避免去面对那个正在遭受欺骗的人。当一个人使劲地揉搓眼睛的时候，就证明了这个人在撒谎。如果这个谎言特别大的话，他们就会因为心虚而转过脸去。

4.抓挠耳朵

我们试想一个场景。一个人告诉你他想买一件东西，并且说，只要是质量有保证，价钱不成问题。这时候，你对他说："这个东西只需要五千块钱。"他很可能一边说："价格不贵，可以考虑。"另一面则用手抓挠自己的耳朵。他做出这个手势就表明了他在撒谎。说不定他的心里会说："就这么一个破东西还要我五千块钱，有点不值得。"

抓挠耳朵的手势有很多种，包括捏耳垂、摩擦耳廓等。当一个人做出这种动作的时候，并不表明他的耳朵痒痒了，而是有力地证明了他正在撒谎。

5.抓挠脖子

在谈话中，有些人可能会一面在附和着你的意见，另一面却在不停地抓挠脖子。他们抓挠脖子的动作也正说明了他们是在撒谎。尽管他对你表现出一副和蔼可亲的样子，但是他的内心里却对你的话没有兴趣，也不认可你所提出的意见。

抓挠脖子的手势一般是指用右手的食指来抓动脖子侧面位于耳垂下方的那块区域。撒谎者在做这个动作的时候，往往会反复几次，让动作持续上一段时间，绝不会是一触即收。因此，这种动作是非常好认的，只要我们稍微细心观察一下就可以了。

6.拉拽衣领

撒谎者在说谎的时候，往往会感觉面部或者颈部神经组织会产生刺痒的感觉，因此就会通过不停地摩擦或者是抓挠来消除这种不适应。这一现象已经得到了大多数心理学家的认可，其中，德斯蒙德·莫里斯是最先发现这种现象的科学家之一。

说谎者并不仅仅停留在对面部或者是颈部抓挠的层次上，他们还会频繁地去拉拽衣领。尽管他们所穿的衣服非常合身，但是由于心虚，就会造成血压上升、脖子上冒汗等生理反应，当汗水将衣领和脖子连接在一起的时候，他们就会心浮气躁地去拉拽衣领，以让自己更舒服一点。

如果有人在你面前频频做出这种动作的时候，你不妨对他说："你还有什么要说的吗?"或者说："刚才我没有听清楚你说的话，麻烦你再说一遍好吗?"这时候说谎者因为心绪急躁，早已乱了阵脚，哪里还记得刚才说过的话，于是他的马脚就露出来了。

别让小动作暴露你的心理倾向

心理学家告诉我们，在生活中，纯粹的言行一致、表里如一的人是不存在的。在很多情况下，经常有一些人心里有话却不愿意表达出来。面对这种情况，就需要我们去猜测他的心理倾向。那么，通过什么样的方法才能完全把握其内心的真实想法呢？心理学家认为，这就需要通过对对方无意间的小动作来进行分析判断了。

通过无意间的动作来了解一个人的内心倾向是心理学家在工作中经常使用的一种方法。对此，心理学家为我们提供了如下几点参考。

1.上身前倾，肩膀向下垂落，视线飘过你的头顶上，说明他有话要说心理学家认为，很多人在决定说出一件事的时候，会在不知不觉中做出这种肢体语言。这个动作表示他希望你能够给他一个说话的机会。因此，当交谈对象做出这个动作的时候，你就要给他提供机会。比如，你可以以轻描淡写的语气，对他说："你是不是有什么话想对我说?"然后就静静地等待一下，给他留出一些考虑措辞的时间。在这个时候，万万不能像机关枪似的问个不停，因为那样就等于是在逼迫他，容易引起他的逆反心理。同时，你不停地进行发问，也是在抢占他的说话机会。如此一来，哪怕他想说的话再多，你也没有了倾听的机会。

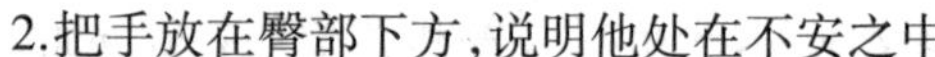

2.把手放在臀部下方，说明他处在不安之中

心理学家认为，当人们心情舒畅情绪高涨的时候，双手就会不自觉地挥舞起来；如果是心情低落，急躁不安，就会将手放在臀部下方。因为，一个人将手放在臀部下方就表明他正在竭力控制自己，以免说错话或者是做错事。心理学家认为，这种控制并不代表对方心里有着不可告人的秘密，还有可能是其有着自卑心理，生怕自己说错了话而破坏了整个谈话氛围。因此，他们就建议，面对这样的交谈对象，就应该多说一些轻松体贴的语言来对其进行安慰，尝试着让他的思维进入某个轻松话题之中。一旦其感到了你的宽容热情与诚恳，心理上就会自动放松警惕，不安全感也就会消失了。

3.握紧双手，目光游离不定，下颚绷紧，说明他非常愤怒

心理学家认为，愤怒是不容易被隐藏的情绪。当一个人产生这种情绪之后，就会不由自主地避开与谈话对象目光的直接接触。因为他的潜意识里认为你一直在盯着他的眼睛，他的情绪会被你看穿。遇到了这种情况之后，你决不能长时间地直视对方，因为这极有可能会被其认为是在挑衅。当他的心里有了这样的判断之后，就可能会怒火中烧，与你进行争吵，甚至还可能会发生肢体冲突。因此，心理学家建议我们，在这种时候直接跟他讲："看得出来你很不高兴，出什么问题了吗?"因为，这表示你愿意和他一起解决麻烦，他在听到这句话之后，紧张情绪就会缓和许多。

4.不停地用手指抚摸或梳理自己的头发,表示压力很大

心理学家认为,玩弄头发是心理解压的象征。不停地用手指抚摸头发的人,心理压力都非常大。心理学家建议我们尽量去安慰对方,缓解一下对方的心理压力。在这种时候,万万不能逼问他究竟发生了什么事,因为那样就会让他感到焦灼不安。你不妨岔开话题或者是通过邀其喝茶的方式来分散一下他的注意力,从而在无形之中化解他的心理压力。

5.把身体转开,不正对着你,说明他对你没有兴趣

心理学家发现,当一个人把身体转开,不愿意正对着你的时候,就说明他对你没有兴趣。如果他把头往后仰,两手随意伸展到椅背后或扶手外侧的话也是这个意思。他的人虽然在你面前,但是心已经飞向了别处。无论你说什么,他都没有听进去,或许他的嘴里发出一些"嗯嗯"声,做出一些点头或摇头的动作,但那只是一种礼貌而已。

遇到了这种情况之后,我们一定要保持冷静。此刻,不妨先闭上嘴巴,等待上几十秒钟的时间,看看对方是否会意识到冷场而主动开口。如果无效的话,就证明他确实不愿意与你交谈,在这种情况下,你最好理智地选择结束谈话,等过上一段时间之后,再来和他进行交谈。

第3章

言为心声，话里话外把握心理的策略

从某个方面来说，交流沟通的本质就是说服，根本目的是让对方放弃不同的意见，按照你的想法去做事。要想达到这一目的，就需要把话说好、说妙、说到，而不能完全按照自己的思维与逻辑进行自以为是的解说，对他人进行强制性的灌输。如何把话说好、说妙、说到，让对方心悦诚服地接受你的意见和建议呢？在这一章里，心理学家给我们做出了正确的分析和解答。

换位思考，让你更受欢迎

许多人会在得不到他人的信任之际大发牢骚："我说的已经很诚恳了，为什么他依然不相信我？""这个人真是不可理喻，我想尽了方法也不能从他嘴里得到实情。"其实，问题并没有出现在别人的身上，最关键的原因还是他们自身。当他们发牢骚之前，应该想一下这个问题：你一心想着博取他人的信任，是不是先信任他们了呢？如果你根本不信任对方，千方百计地掩饰自己的企图，别人凭什么去信任你呢？

心理学家告诉我们，要想让对方信任你，首先就应该表达出对对方的信任。信任，是架设在人心之间的桥梁，是沟通人心的纽带。我们要想尽快获得他人的信任，赢得他人的友谊，就应该记住"欲取之，先予之"。如果你不愿意付出，只想索取，那么，最终的结果必定是失败。

心理学家认为，人与人之间的交往贵在以心换心，坦白真诚，表露真心。只有做到了这一点，才能获得对方的信任，从而让对方卸下猜疑、戒备心理，把你当做知心朋友，乐意接受你的一切。每一个人的内心深处都有内隐闭锁的一面，同时，又有希望获得他人的理解和信任的一面。然而，开放却是有前提条件的，那就是向自己信得过的人开放。只有以诚待人，信任他人，才能打动对方，获得对方的信任。

信任是一扇由内而外打开的大门，它无法由别人从外面打开。我们无法要求别人信任自己，因为我是一切的根源，一切都是因为自己首先要值得别人信任。

那么，究竟怎样表达对别人的信任呢？心理学家为我们提供了如下几种方法。

1.真实

在和别人交谈的时候，必须保证所传递信息的真实和感情的真诚。须知，任何一句不符合事实的话，一个虚假、虚伪、欺骗乃至不自然的表情，都会成为别人不信任你的理由。

2.坦诚

不能有，也不能让对方感觉到你有值得怀疑的目的与言行。如果在交谈之中因为口误的原因让对方对你产生误解，你也不要生气，更不能将错就错，而是要及时纠正错误，开诚布公，以坦诚的心态去和对方沟通。只要你真正做到了坦诚，对方对你的信任就不会打折。

3.放下身段

作为叱咤风云的人物，心理学家比谁都有傲视他人的资格。但是，无论是在工作还是生活中，他们很少会端起架子说话，也很少会用自己特殊的身份去压制别人。无论面对什么样的人，心理学家都能放下身段，以一种平等的心态去和他们交流沟通。因为他们知道，没有一个人愿意和居高临下者聊天，更没有人会信任这种拿架子的人。

4.把话说得亲切点

表达对别人的信任，不仅需要传递真实的信息，还需要在话语中带有亲切的感情。毕竟，人都是感情动物，谁也不愿意和冷冰冰的人多说一句话，也不愿意和一个冷血的人建立友谊。

5.多站在对方的立场上说话

犯罪心理学家遇到不肯合作的对手，很少会发怒，也很少会训斥对方的冥顽不灵，更不会转身离开。通常情况下，他们会心平气和地去给对方摆事实、讲道理，站在对方的立场上去考虑问题、分析问题。比如，面对因担心受到报复而不肯提供情报的知情人，犯罪心理学家就会以一种亲切的口吻告诉他："我很理解你，你并没有错，如果我是你的话，也可能会这样做。"然后再表态："不过，你放心，我们一定会保证你的安全，绝不会让犯罪分子得逞。"这样一来,就会让彼此的关系拉近一步,也就获得了对方的信任。

6.适当地开一些玩笑

心理学家告诉我们,玩笑话不仅能够缓解紧张的气氛,还起着传递信任的作用。毕竟,陌生人之间都有提防心理,有疏远感,交谈的时候多是一本正经,不可能会开玩笑,只有相互信任的人之间才可能会说出这种亲昵的话。因此,当你向对方说一些玩笑话的时候,就是在告诉他你已经把他当成了自己人,那么对方自然就会投桃报李,表达对你的信任。

当然,由于彼此的关系毕竟不太熟,我们在开玩笑的时候就应该掌握一下火候,注意一下分寸,玩笑不能开得过大、过火,否则会适得其反。

动之以情,晓之以理

犯罪心理学家丹尼尔·戈尔说:"实战中虽然有很多方法可以与对手展开交锋,但有一种方法却是不可或缺的,那就是'晓之以理、动之以情'。"这是他经过多年的观察和总结之后得出的结论。在他看来,这种方法能够以柔克刚,可以有效地打动对方,赢得对方的信任。

犯罪心理学家告诉我们,无论是面对知情人还是犯罪分子,只有获得对方的信任才能将调查顺利地进行下去。由于对方都或多或少都有一些抵触心理,要想让其打消顾虑,就应该以情诱之,以理服之。

犯罪心理学家对一名犯罪嫌疑人进行审讯的时候,按照常规的审讯方法来说,应该这样说:"你要老老实实交代出你的犯罪经过和犯罪同伙,否则的话,罪上加罪!"这种审讯方式多多少少能对犯罪嫌疑人起到一些震慑作用,但结果却未必乐观。当犯罪嫌疑人听到这些话的时候,会因为恫吓而产生厌恶情绪,不肯与之合作。他们的反应要么是大声争辩,要么就是沉默不语。无论采取哪一种形式应对,都会给破案带来麻烦。不过,经验丰富的犯罪心理学家并不使用这种方法，他们会对犯罪嫌疑人这样说："我们看了你的资料，知道你是一名技术精湛的医生，也了解了你的家庭情况，你家里有一个漂亮的妻子和两个可爱的孩子。从目前的情况来看，我们怀疑你和一件毒品贩运案有关，要想证明你自己是清白的，你就应该亲口告诉我们整件事情的经过。同时，我们也非常愿意帮助你，因为我们不希望看到漂亮的妻子失去了丈夫，可爱的孩子没有了父亲。"犯罪分子听到这些话之后，自然就会积极配合，主动交代。因为对方完全是站在他的角度上看问题的，他也会主动去考虑一下自己的家人，因此他也就会自然而然地放弃反抗，争取将功赎罪。

情感，是人们活动的一种动力，一切活动的完成都需要有情感。人的行为，在许多情况下，不是理智造成的，而是情感造成的，或者说是由外界的思想或建议激发你的情感造成的。

在生活中，我们经常会为了某些事情而对别人进行说服。在说服的时候，没有人因为理直而气壮，用严肃认真、生硬呆板的方式去对人进行训斥式劝说。每个人都有自尊心，当我们用比较严肃的口吻进行劝说的时候，在对方看来，很可能感到强制和威胁，那么我们的劝说就会成为强制性灌输，会增加对方的不信任感。一旦这种不信任感加重，就无从达到目的了。

有一位刚刚上任的经理在就职大会上对全体员工们说："我能够成为咱们这个部门的经理，从心眼儿里感到高兴！但是这个经理却并不好当，毕竟任务重、压力大。我想在座诸位心里也会想，这个新来的经理能把我们带到哪里去，是不是也和以前的经理一样？现在我向大家交个底，我既然来了，就准备在这个职位上长期干下去，绝对不会弄些表面工程'捞一把'就走人。因为，那样对咱们部门和对我自己来说，都没有什么好处。我既然当了经理，就一定跟大家一块干出点儿名堂不可，咱们好比一根绳子上拴着的蚂蚱，飞不了你们，也蹦不了我……"这几句话平实、通俗，没有大道理，更没有表面的客套，但让人们听了都觉得心里很舒服，因为他把话都说到别人的心里去了。他的这番话,让那些对他持有观望和怀疑态度的人打消了顾虑,认为他是一个真心想干事的人。许多人都说:“这个经理就是不一样……”“经理很不错,我们跟着这样的经理干,心里就会很踏实……”

这位经理的第一次亮相就在职工们的心里留下了十分深刻的印象。他这些看似十分平淡的话是经过了慎重考虑的,他知道讲一些枯燥的大道理绝对不会引起职工的好感,倒不如将自己的真实想法告诉他们,用“动之以情,晓之以理”的方式来感化他们,和他们完成良好的沟通,形成相互信任的关系。

周恩来曾经说过一句话:“与人说理,需使人心中点头。这就要求我们在和别人进行说理的时候要做到‘晓之以理,动之以情’。打动了对方的感情,就会在双方的心理上引起共鸣,那么一切的难题就会迎刃而解了。”

“晓之以理,动之以情”就是要做到情理结合,以理服人,以情动人。在生活中,得理不饶人的方法是不可取的。毕竟,情感是沟通的桥梁。只有将对方的情感“俘获”,才能达到让对方由衷地对你表示赞同。中国人常说的“通情达理”也正是这个意思。

正话反说往往更有效果

正话反说是心理学家在与人交流时常用的技巧之一,这种语言表达技巧就是不直接表达自己的意见,而是故意说出相反的意见,让听者自己去领悟,从而接受你的想法。

在和犯罪嫌疑人以及知情人打交道的时候,犯罪心理学家往往会因为自己或者是对方的原因,会有一些不便、不忍或者是不能说的话。遇到这种情况时,他们就会把“词锋”隐遁,或把“棱角”磨圆一些,或从相反的角度深入,使语意软化,便于听者接受。比如,在咬牙坚持坚决不交代的犯罪分子面前，他们就不会苦口婆心地苦苦相劝，也不会厉声呵斥要求对方坦白交代，而是故意说一些反话，讲一些“我很钦佩你的这种精神，想必你的同伙也会非常感动。日后，你将在牢狱之中度过余生，而逍遥法外的他们却永远不再想你。”如此一来，犯罪嫌疑人就会联想到牢狱之中的种种恐怖，也会对自由充满无限向往，为了得到自由，他们就会坦白交代，主动提供线索与信息。

在现实生活中，我们经常需要和别人进行交流沟通，劝说别人改变意见，按照自己的想法去行事。但是，往往会因为表达的不得其法而让结果与理想背道而驰。遭到拒绝之后，很多人会抱怨朋友的不辨是非和一意孤行，却很少愿意主动去考虑自己的方法是不是正确。其实，如果别人一意孤行的话，我们就没有必要大讲特讲自己的观点多么多么正确，也没有必要站在道德的制高点上去指责对方。不妨抽出身来，使用一下反弹琵琶的方式，用说反话的方法来表达正确的观点。对于对方的意见，首先表示赞同，消除对方的抵触心理，之后用错误的观点进行适度的夸张，这样就会让对方意识到自己的错误，主动地改正过来。这种方法远比横加指责和苦口婆心强许多。

心理学家告诉我们，在表达不同意见的时候，对方很可能会受到刺激。一旦其受到了刺激之后，就会本能地对表达不同意见的人产生一些抵触情绪，无论别人如何苦口婆心，他们总是无动于衷，甚至还会让那些负面的情绪和偏激的想法进一步的恶化。那么，在这个时候，我们不妨绕开他那些设防的心灵地区，从反面的角度发动“进攻”，就像兵法上所说的“出其不意，攻其不备”那样，从而得到比较理想的效果。

小马有一位朋友叫郭强，是一个农民。郭强的父亲常年卧床不起，儿子患有先天性的心脏病，他的妻子也在一次外出的时候被汽车撞成了重伤，当时家里一分钱也没有了。想到种种的不幸，郭强对生活失去了信心，想喝农药自杀了事。正在他准备把药瓶倒进嘴里的时候，被尾随而来的小马一把夺了回去。看着满脸沮丧的郭强，小马愤怒地说：“想死还不容易？你可以去上吊啊！你可以去跳河呀！为什么要喝农药？现在家里穷的一分钱都没

有了，你临死还要再去浪费这十几块钱，你也能心安？你还是死了吧，像你这种人活着也没有什么劲了，死了也能得到解脱！这下子躺在医院里和你辛辛苦苦度过了十几年的老婆就不用你再操心了！卧病在床的父亲也不用你送汤送药了！更不用为你的儿子发愁了！你那些债主们就会找你的父亲和妻子要债，和你就一点关系也没有了！儿子的责任、父亲的责任、丈夫的责任，和你就没有一点关系了！”经过小马这么一说，郭强终于明白了自己的行为是多么的愚蠢，于是就打消了自杀的念头，回过身去，去履行作为儿子、丈夫和父亲的责任了。

反面劝说的形式能够起到较好的说服作用。毕竟很多人在受到刺激的时候只能看到眼前的灰暗或者是不如意，思维就会陷入停滞状态，从而疏忽了对其他生活方面的考虑。在这个时候如果你去直接的劝说，是起不到任何效果的。如果从其他的方面进行有效地诱导和疏通，就会转移对方的注意力，也能比较容易听进你所说的话，接下来就能顺理成章地接受你的建议，爽快地按照你的想法去行事了。

心理学家告诉我们，劝说别人是乐于助人的一种表现，但是，决不能因为占据了这个道德制高点就忽视对方的感受。如果我们觉得改变别人的想法非常困难的话，就不妨试一下正话反说的方式。

学会适当“捧”对方

如果想要博得对方的好感和信任，就必须要懂得利用这一心理策略——贬低自己，抬高对方。这是很多心理学家常常挂在嘴边的一句话。

面对任何一个沟通对象，心理学家都会适当地贬低一下自己，很自然地抬高对方，以此来获取对方的信任。在心理学家看来，这种方式能够让对方的心理上产生一定的优越感，也就比较容易卸下心理防弹衣，以真诚的态度来和你进行交谈。

心理学家告诉我们，每一个人都非常希望得到别人的激励或者是赞美。而适当的“吹捧”则是赞美的最佳形式。这种形式可以迅速拉近双方的心理距离，也能够架起彼此信任的桥梁。不过，对于那些性格内敛而又有些孤傲的人来说，如果过分地去抬高他们的话，很可能会产生相反的结果。因为在他们看来，过分地吹捧就等于侮辱。为了避免出现这种情况，我们激励和赞美他人的时候就要注意一下分寸，掌握好正确的方法，而这种正确的方法则是——贬低自己。这是因为，每一个人都有自尊心，谁也不愿意做有损自尊的事。一个人如果在外人面前贬低自己，就等于是心甘情愿地承认别人比自己强。这样一来，那个“比你强”的人就会觉得你是在真心真意地向他表示尊重和敬仰，也就很容易对你产生信任感了。

美国圣弗朗西斯科是经济较发达的城市。有一段时间，这里出现了很多地下钱庄，严重干扰了当地的金融秩序，也破坏了当地的稳定。因此，联邦政府就决定联合州政府将那些开地下钱庄的不法分子绳之以法。

由于地下钱庄的隐蔽性非常高，警察局无法从常规的渠道去搜集证据，更无法对地下钱庄的老大们实施抓捕。因此，联邦政府就决定派一名经验丰富的心理学家做卧底，打入钱庄内去了解具体情况。

这名心理学家以一个商人的身份顺利潜入地下钱庄内部。他通过中间人找到地下钱庄的老大，并给这位老大送上了一份大礼。两个人见面之后，心理学家对老大说：“小弟从西欧来，却早就听说过您的大名。今日来到大哥的地界上谋生，还请您多多指教才是啊。”钱庄老大见这位生意人非常低调，态度谦恭，对自己也很尊重，就非常高兴地接纳了他。

接下来的一段时间里，心理学家经常给钱庄老大送礼，还常常表示要向他多学习。这样一来，钱庄老大的警惕性就消失得无影无踪，把这名心理学家当成了自己人，并且还向他透露了很多钱庄的内幕。

三个多月之后，在钱庄老大的帮助之下，心理学家就将这家地下钱庄的

组织结构、人员安排、黑金来源等重要信息了解得一清二楚。于是,他就和联邦调查局总部及时取得联系,报告了地下钱庄的具体位置和交易时间。最后,联邦调查局根据这名心理学家提供的情报,联合当地警察局,成功地将黑钱庄一网打尽。

案子结束之后,这名心理学家感叹道:“这些黑钱庄的人警惕性非常高,不会轻易相信人。但是,他们身上存在着致命的缺陷——目空一切,自高自大,喜欢让别人抬高自己。在和他们打交道的时候,我以贬低自己抬高对方为武器,最终赢得了他们的信任。”

心理学家在谈起贬低自己抬高对方的话题时,经常会提起“跷跷板效应”:沟通的双方就相当于坐在同一个跷跷板上。如果一个人将跷跷板的一头紧紧贴在地上,另一头的那个人就会被高高举起,被高高举起的人心理就会因为被认可而产生愉悦的心情。与之相反,如果一个人只想让自己被高高举起,而让对方一直扮演贴近地面的角色,势必会引起对方的反感与愤怒。如此一来,双方的关系就会变得非常冷淡,最终自己非但不能得到对方的信任,还会引起他的仇恨。由此可见,贬低自己抬高对方在谈话中所产生的作用有多么重要。

从心理学家的故事中,我们可以总结这样一个道理:在人际交往中,要想取得对方的信任,我们就应该放下身段,适当地贬低自己,抬高对方,最终来达到自己的目的。

话语中的激将法

俗话说:“劝将不如激将。”激将法是在竞争中运用的非常普遍的一种方法。所谓激将法是指运用刺激性的话逼迫对方出战的一种方法,通常来说,是通过贬低他人、说反话去鼓动对方做事的一种手段,这是利用对方的自尊心和逆反心理,通过激怒对方,激发对方的潜能。

心理学家就善于运用激将法来达到自己的目的。

一次,犯罪心理学家锁定了一桩杀人分尸案件的犯罪嫌疑人,可是他并没有确凿的证据,因此无法将其定罪。而且无论心理学家怎样对其进行审讯,犯罪嫌疑人总是一口咬定自己是清白的,并没有犯罪。这名犯罪心理学专家无比焦急,明明知道是对方做的,可是苦于拿不出证据来,于是只能重新对其进行调查,仔细审查案件中的每一个细节,之后又从犯罪嫌疑人身边的亲人以及朋友那里询问一切细节,以期能够掌握对方的心理状况。

后来,在一次审讯中,犯罪嫌疑人仍旧一口咬定自己是无辜的,申辩说自己并没有杀人,更没有分尸。在万般无奈之下,心理学家也失去了耐心,大声呵斥道:“你就是个没用的懦夫,敢做不敢当,难怪你身边的人都说你是个无能的人,说你没有胆量,如果你真的做出杀人的行为也算对你刮目相看了,不过要是真不是你干的……”

不等心理学家的话音落地,犯罪嫌疑人已经激动得不能自已了,他发疯似的挥舞着自己的双臂,大声说:“没错,是我!他们都说我没骨气,你们竟然也敢说我没骨气!那天我就是想要向他证明我是多么有骨气的一个人,所以我把他杀了,我要让他知道,到底谁才是懦夫!”情绪发泄之后,犯罪嫌疑人才突然意识到自己已经招认了一切,然而为时已晚了。

就这样,心理学家的通过运用激将法,不费吹灰之力就让犯罪嫌疑人乖乖地交代了自己的罪行。

其实在现实生活中我们也可以运用激将法来达到自己的目的。那么,运用激将法都要注意哪些方面呢?有以下三条原则可供我们参考。

1.因人而异原则

运用激将法的时候,要注意要激发的对象,根据不同人的性格特征采取不同的方法,对症下药,不可滥用,否则可能会起到相反的效果。

2.把握时机原则

运用激将法的时候还要注意时机的掌握,要运用得恰到好处。如果出言过早，时机不成熟，会在很大程度上打击对方的自信心；而出言太迟的话，又难以起到应有的效果。

3.掌握火候，不要过犹不及，也不要隔靴搔痒

运用激将法的时候，不能太过，也不能只是隔靴搔痒。如果出言太过，不仅达不到自己的目的，还可能会让对方做出出格的举动；而火候不够也难以触及对方心理，同样达不到想要的效果。

如何让对方对你言听计从

心理学家告诉我们，在对别人进行说服活动的时候，并不是说得越多越好。因为每一个人的精力都是有限的，如果你说话时间太长，表达内容过多，就会让对方产生疲倦与厌烦情绪。一旦对方产生了这些情绪之后，就会对你所说的话完全失去兴趣，同时还会有抗拒心理。这样一来，你的说服工作就会完全失败。为了有效地让对方认同你的观点或者是按照你的想法去行事，你就应该把话说到点子上。

心理学家一再强调，与人沟通交流，追求的应该是话精而不是话多。只有把话说到了点子上，才能让对方信服。在和犯罪嫌疑人以及一些知情人打交道的时候，心理学家常常能够用极简短的话语来解决非常棘手的问题。

杰瑞是美国联邦调查局的一名犯罪心理学家。有一次，他接到市民的电话，说是一个男人准备从世贸大楼上跳楼自杀。杰瑞放下电话，驱车来到现场。

楼下围满了人，包括警察、医生和记者。警察与医生们轮番喊话，试图救险。但是，那个情绪激动的男人并不听劝，反而还威胁道："别过来，谁要是过来，谁要是前进一步，我马上就跳下去。"杰瑞见状，赶忙带着一名医生迅速来到楼顶。看到他们，男子非常愤怒，做出马上要跳楼的动作。但是杰

瑞却并不退却,而是非常平静地对男子说:“我绝不是拦着你,只是我身边的医生让我问问你,你死后愿不愿意把你的尸体捐给他们医院?”男子听罢,一声不吭地走下楼去了。

把话说到点子上,事半功倍;说不到点子上,就事倍功半。杰瑞并没有苦苦相劝,让他想想自己的父母,考虑一下自己的孩子,而是故意“挑拨”,问他死后愿不愿意把尸体捐献给医院。这句话说完之后,那名男子就会真正感受到死亡的逼近,想到死后的惨状,因此内心就充满了恐惧,也有了求生的本能。

中国有句古话:打蛇打七寸。意思就是说,说话要抓住关键,找到影响问题的关键因素,用最有力的语言来让对方的心灵受到颤动,迫使他进行思考与分析,进而放弃自己消极的、错误的行动。

其实,这样的故事比比皆是,邓小平就是一个非常好的例子。

在二十世纪七十年代末期,一些保守派人士依然坚持“文化大革命”的思想和做法,而一些先进人士则极力反对。双方进行了长期的论战,面对这种情况,邓小平用一句简短的话就摆平了所有争论:发展才是硬道理!无论是保守派还是先进人士都认可这一说法,道理很简单,没有人认为发展是坏事,更没有人认为吃饱饭是没有觉悟的表现。但是,仍然有些人想不通,把改革开放说成是走资本主义道路,违背了当初革命的初衷。对此,邓小平说了一句简短却有力的话:贫穷不是社会主义!我们不是在走资本主义道路,我们革命的目的是为了过上更好的生活,如果让老百姓过穷日子的话,那才是违背了革命的初衷。

在如何进行改革开放这个问题上,一些人又感到非常迷茫,不知道从何入手。邓小平一句话就解答了他们的疑惑与不解:让一部分人先富起来。这样一来,改革开放就有了方向,不同想法不同主张的人在思想上就趋于一致,从而把全部精力放到经济建设上来,不再去做毫无意义的争论。

政治学是一门非常深奥而又非常复杂的学问,如果片面地旁征博引,盲目地引用一些理论，不仅会让问题变得越来越复杂，最终还不能解决问题。须知，当时近十亿的中国人中，真正懂得利用政治理论的人并不多，如果向他们进行这方面的灌输，很难会被他们接受。因此，只有找到问题的关键所在，把话说到点子上，才有可能在较短的时间之内解决问题。

心理学家一致认为，和别人就某个问题进行讨论时，把话说到点子上，矛盾就会迎刃而解，进而产生良好的效果。因此，在平常的生活中，我们和别人进行交谈的时候，要多想一下，两者的分歧点是什么？问题的关键又是什么？然后再根据这些分析与总结去说话。只有这样才能把话说到点子上，才能让别人听从自己的意见或者是建议，按照自己的想法去做事。

如何用赞美赢得对方的好感

在工作和生活中，我们难免会遇到这样的现象：一个人在和你交谈的时候，不能做到推心置腹、坦诚相待，而是会耍一些花招，讲一些花言巧语或者是睁着眼睛说瞎话。碰到了这种情况，我们可能会忍不住发火，把对方狠狠地训斥一通，逼迫对方说出真话。这种以批评换真话的方式根本要不了你想要的东西，也是不了取的交谈方式。

犯罪心理学家在办案期间，会遇到很多狡猾的犯罪嫌疑人和不愿意提供线索的知情人。面对狡猾的犯罪嫌疑人，如果没有充足的证据，犯罪心理学家很少会大声地训斥他们，也很少会逼迫他们交代犯罪事实；对于那些不愿意提供线索的知情人，犯罪心理学家也很少会向他们强调一些公民应尽的义务之类的话。因为他们知道，厉声恫吓的方式非但不能打开他人的心结，还会激起对方更加激烈的反抗，最终会出现事与愿违的情况。因此，遇到了不肯合作的人，他们通常都会采用“糖衣炮弹”。多说一些赞美的话来诱导对方交代事实，说出真话。

犯罪心理学家很少会采用训斥的方式来获取信息。因为他们知道，要想让别人为自己提供线索或者是要求他们改正错误，就不能用这种简单粗暴的方式。训斥别人固然可以给对方带来一些心理上的压力，起到震慑的作用，但是这样做最终会加剧对方的防范意识和抵触心理。

犯罪心理学家在和别人进行交战的时候，经常使用“糖衣炮弹”的方式引导对方说出真话。比如，他们会对一个不愿意提供线索的知情人说：“我知道您是一个守法的公民，也知道您对别人非常热心，因此才向您来询问情况。如果没有了您的帮助，我们侦破这个案子就会遇到很多困难。”面对拒不交代的犯罪嫌疑人，他们会告诉对方：“你一直是一个奉公守法的好人，我们了解你这样做有着迫不得已的苦衷。你放心，只要你主动配合，我们就会为你争取宽大处理。”在要求对方讲出真话之前，先赞美一下他，然后再提出自己的要求。无数事实证明，这样做能够起到非常显著的效果。

卡耐基曾说：“如果人们在听到其他人赞美自己的长处之后再听到人们批评自己的短处，心情会好很多。”其实，赞美就是一个行之有效的“糖衣炮弹”。资深的心理学家都深谙这一点。因此，在心理交战中，他们也就能够所向披靡，频频获胜。

在工作和生活中，我们也应该像心理学家一样，对别人少一些逼迫，多说一些赞美的语言来吹捧对方，让其说出真心话。因为这种方式能够在最短的时间之内消除对方的抵触心理和防范意识，很快地从其口中得到准确的信息。但是，有许多人却并不明白这一点，他们在和同事或者是下属交谈的时候，往往会有一副得理不饶人的面孔，在语气上也比较蛮横和强硬。这种错误的方式，必将会引起别人的反感，也一定不会有什么好的结果。

当然，使用赞美的话也应该掌握一定的方法和原则，心理学家总结了如下几点，我们可以参考一下。

1.按照他的期望去赞美他

要想让赞美发挥最佳的作用，就应该知道对方擅长什么，喜欢什么，对什么东西比较期待。如果你不了解这些,说一些空泛的赞美之辞,很难起到应有的作用。比如,一个IT人士,最得意的事情莫过于在电脑编程方面的成就,如果你不明就里,夸奖他文章写得好,恐怕很难赢得他的信任。

2.感情要真挚,态度要诚恳

从很大程度上来讲,赞美不是一种逢场作戏,而是要充分调动感情因素,在表情中表现出最大的诚恳来。唯有如此,才能使对方感动,也唯有如此,才能得到别人的信赖和好感。反之,无论你说得多么动听,恐怕对方也不会买账。

3.坚持适度原则,否则就过犹不及

有人认为好话不嫌多,这是不对的。赞美别人的话说得太多,容易让对方产生审美疲劳,没完没了地讲一些好听的话,很可能会让对方觉得你是在假惺惺地表演,同时还会认为你对其有所求,于是,他们在下意识里就会疏远你,不愿意和你亲近。一旦出现了这种情况,你所有的赞美也就变成了无用功。

4.借助第三方

当面夸奖一个人,固然可以为其带来心灵的愉悦,但远没有借用第三方的形式有效果。毕竟,第三方的夸奖更有说服力,也更有公信力,可以最大限度满足被夸奖者的虚荣心。因此,我们在夸奖他人的时候,就应该多借助一下第三方,说一些“听别人说你是一个很重感情的人”之类的话。这种赞美方式,能够起到更好的效果。

第4章

“眼面”分析法，把握“心灵的显示器”

眼睛是心灵的窗户，面部表情则被称为心情的晴雨表，两者并列，可以称得上是“心灵的显示器”。心理学家提醒我们，在与人进行交谈的时候，要想了解对方的内心，就要观察他的眼睛和面部表情变化，从中得到可靠的信息，然后再做相应的应对措施。同时，还要控制一下自己的眼睛和面部表情，进而有效地影响对方的心理。

通过眼神探索对方的内心世界

心理学家认为,眼神所代表的心理情感往往是最清晰的,他们通常能够从一个人的眼神中来了解其内心世界。为什么说不同的眼神代表不同的内心世界呢?心理学家告诉我们,心理特征不受大脑主观意识的控制而改变,能够客观地反映真实情感。同时,他们还指出眼神具有特征性,即该心理特征为某种心理情感所独有,不混淆于其他心理情感。

那么,究竟如何从一个人的眼神中来了解他的内心世界呢?心理学家为我们提供了如下几点建议。

1.眼神沉静

当一个人表现出这种眼神的时候,就说明他对于你所着急知道答案的问题,已经心中有数。在这个时候,如果你愿意向其请教一些方法,表达一下个人的焦虑,他能够给你一个让你满意的答案。但是,如果他不愿意回答,你就没有必要再追问了。因为这很可能事关机密,不方便透露。

2.眼神散乱

这是内心慌乱与毫无主见的象征。如果你的交谈对象出现了这种眼神,你就不要对他再抱有任何指望了,哪怕你威逼利诱,频频提问,都不会有什么结果。这是因为,对方并不是不愿意帮助你,而是他对你所提问的问题根本就不知道怎么去回答,更不知道应该采取什么样的行动。因此,你就没有必要在他身上浪费时间和精力了。

3.眼神横射,犹如带刺

这是冷淡与冷漠的表现。如果你的交谈对象出现了这种眼神,你又对其有所乞求的话,就需要暂时收起来,然后在最短的时间内以最快的速度离开,绝不能再做徒劳无益的逗留与说服,因为他对你所说的话并没有兴趣。

当然，离开他未必代表放弃沟通，你可以仔细思考一下他对你表示冷淡的原因，谋求一个恢复感情的途径。

4.眼神阴沉

这是凶狠的信号。面对这样的交谈对象，你就需要小心一点，因为他的眼神背后藏着一颗歹毒的心、一个不可告人的秘密。如果你掉以轻心，很可能就会落入他设计好的圈套之中。此刻，如果你事先没有任何准备想和他见个高低，就最好鸣金收兵，免得给自己带来损失。

5 眼神流动异于平时

这是心怀诡计的表现。做出这种眼神的人，很可能处心积虑地考虑如何让你尝一下苦头。此刻，你应该做的就是步步为营，稳扎稳打，不能轻敌冒进，因为前后左右都可能是他安排的陷阱。同时，还不要过分相信他的甜言蜜语，这是钩上的饵，要格外小心。

6.眼神呆滞，唇皮泛白

这是极度恐惧的表现。或许他的嘴里说着一些满不在乎的话，实际上他的内心却已经陷入到了无尽的绝望与恐惧之中。在这个时候，你需要做的是帮助他战胜恐惧，和他一起想办法来解决事情。毕竟，只有化解了他内心的恐惧，才能够让他成为你真正的帮手，不至于成为累赘。

7.眼球发红

这是怒火中烧、极端愤怒的表现。如果你的交谈对象出现了这种眼神，你就不要拿语言或者是动作去挑衅他、刺激他。如果你不想和他决裂，就应该主动妥协，做出让步，以此来谋取转机；否则，很有可能会酿成正面冲突。

8.眼神恬静，含有笑意

这是满意的表现。当你的交谈对象表现出这种眼神的时候，就说明他非常认可你、喜欢你，在这种情况下，你就应该再接再厉，多说一些恭维话来俘获他的心。如果你有所要求的话，就要趁机提出来，相信他一定能够满足你的愿望。

9.眼神四射,魂不守舍

这是厌倦的表现。当一个人做出这种眼神的时候,就说明他对你们之间的交谈感到了厌倦,对你说的话已经完全失去了兴趣。此刻,你再坚持说下去只会增加他的厌倦程度,根本不可能与其在某件事情上达成共识。因此,你最好将话题告一段落,或者是乘机告退,或者是寻找一个新的并且是他愿意交谈的话题。

10.眼睛下垂,脑袋也随着耷拉下来

这是忧心忡忡、苦恼万分的表现。此刻,你需要做的就是沉默或者是安慰,不能拿话语来刺激他。你不能讲述他的得意事,因为会让他因为有了对比而产生更大的痛苦;你也不能讲述自己的悲惨经历,因为很可能会让他觉得是你的霉运传染给了他。如果你实在找不到合适的语言去安慰他的话,就应该迅速离开,以免加重他的苦恼。

说谎的眼神

有一名心理学家在对学员进行培训的时候对他们说:“人可以撒谎,但是他的眼睛却不会配合,常常会不知不觉地出卖他。”这位心理学家多次向学员们强调这一点,并且告诉了他们通过观察眼睛来了解一个人的内心世界的方法。这些知识,我们也可以拿来学习一下。

1.聊天时,眼睛并不看你

当谈话进入正题的时候,对方就会不由自主地盯着你看。但是如果他把眼光移开,将注意力转向别处的话,就说明他对你说的话并不感兴趣,别管他嘴上说什么,他的眼睛却告诉你:此刻他正在想着别的事。

2.直勾勾地盯着你

这并不代表他的真诚,反而证明了他的以攻为守和欲盖弥彰。盯着你不放，是想从心理上压服你，从本质上来说，这是一种故作镇定的姿态。如果你毫不示弱地和他对视的话，他一定会先败下阵来。

3.眼神闪烁不定

一个人内心有想法，又不愿意坦白地告诉你的时候，往往就会出现这种眼神。在这个时候，你就不妨给他施加一些心理压力或者是采用以谎试谎的形式来逼迫他现出原形。

4.眼睛上扬

这是一种假装无辜的表情。他瞪大眼珠看着你，上睫毛尽力地向上抬，几乎就要和下垂的眉毛重合，是在竭力证明自己的无辜，实际上却传递了恐惧、惊慌的信息。另外，一个人的眼睛上扬是得意的表现。他们自我感觉良好，觉得编造的谎言天衣无缝，完全可以欺骗住对方，殊不知，这种表情却将他出卖了。

5.眼睛眨动

眼睛眨动有很多种形式，包括连眨、超眨、睫毛震动等。连眨通常发生于快要哭了的时候，代表极力抑制的心情，出现这种情况，就证明这个人的确是无辜的；超眨的动作单纯而又夸张，速度较慢，而幅度又非常大，这表明了一种怀疑的态度，传递着“我不敢相信这是事实”的信息；睫毛震动的表现是眼睛和连眨一样迅速开闭，这是一种非常夸张的动作，意思好像是在说“你可不能欺骗我啊”，做这种动作的人，一般都比较单纯。

6.挤眼睛

挤眼睛的动作往往是在向对方使眼色或者是传递某种默契的信息。这一动作是在告诉对方：这是我们两个人共同拥有的秘密，其他人根本就无从得知。在社交场合，如果是两个朋友之间相互挤眼的话，则说明他们对某件事情有着共同的感受；如果是情侣之间挤眼的话，就带有着强烈的挑逗意味了。由于挤眼包含着两个人存在着不为外人知道的默契，在第三者看来，就会产生一种被疏远的感觉。因此，不管是公开场合下还是悄悄地做出这种动作，都是一种不礼貌的表现。而那个挤眼者则是小团体意识比较浓的人，让人不得不防。

7.眼睛朝上吊

这样的人心里藏着一些不可告人的秘密。他们在向别人陈述一件事情的时候，常常会有意识地夸大事实。如果一个人长期持有这种眼神，则说明他们性格消极，没有责任心，不敢心平气和地和人打交道。

8.眼睛下垂

当一个人和你谈话的时候出现了眼睛下垂的动作，不是证明他对你有轻蔑之意，就是证明了他对你所说的话根本就没兴趣，对你的事也不关心。如果在交谈中频频出现这种情况，就可以判定他是一个只为自己着想的任性之人了。

9.眼睛转动

眼睛转动速度较快的人第六感都比较敏锐，反应也比较快，能够迅速地看透人心。这种人特立独行，做事的时候常常会出现情绪化。

眼睛转动速度较慢的人反应相对迟钝一些，他们的感情起伏也比较少，一般不会受到别人的影响。他们的生活有些单调，属于那种喜欢稳定的人。

另外，眼睛的不同转动方向也表示着不同的意思。眼珠向左上方转动时，表示在回忆以前的事情；眼珠向右上方转动时，表示在想象一种没有见过的事物；眼珠向左下方转动时，很可能就会出现自言自语的情况；眼珠向右下方转动时，则表示正在感觉自己的身体；眼珠左右平视，则证明这个人正在尽力地弄懂所听到的语言的意思。

10.瞳孔变化

瞳孔变化不是人可以自由控制的，因此就更能表现出一个人的内心世界。比如一个人感到兴奋、愉悦、喜欢的时候，他的瞳孔就会比平常大四倍；与之相反，如果情绪上出现了愤怒、厌恶、消极时，他的瞳孔就会收缩得很

小；如果瞳孔不发生任何变化，就说明这个人对所看到的事情漠不关心，对所听到的话没有兴趣。

从眼神看出对方的真正意图

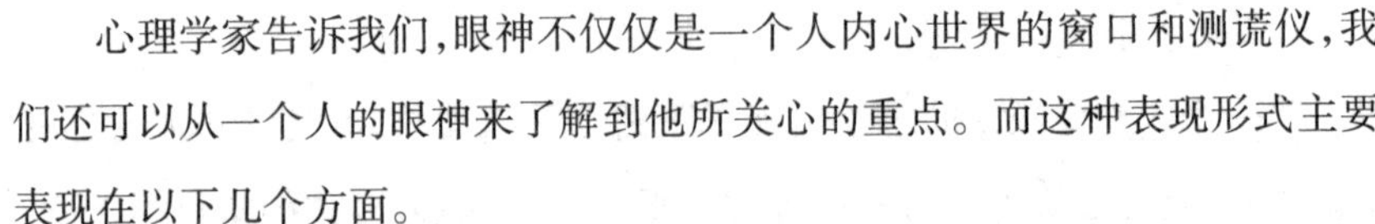

心理学家告诉我们，眼神不仅仅是一个人内心世界的窗口和测谎仪，我们还可以从一个人的眼神来了解到他所关心的重点。而这种表现形式主要表现在以下几个方面。

1.视线的方向

视线和眼睛所注视的方向往往能够反映出一个人内心的真实意向。比如，一对情侣在逛街的时候，尽管两个人手牵着手走着，但是他们的视线方向却是不同的，女方可能会把目光放在商店里的商品中，男方的视线却可能一直停留在某个性感的女郎身上。

一般说来，眼睛斜视被认为是心里有秘密却不愿意说出来的标志。比如，丈夫在外面养了情人不敢让妻子知道，突然有一天妻子对他恐吓道："你在外面做了什么事难道以为我不知道吗？你究竟想瞒到什么时候？"这时候丈夫由于做贼心虚，就不敢正视妻子的眼睛，就会一边将视线转移，一面飞速转动大脑寻找解决的办法。看到丈夫斜视的目光，妻子就进一步确认了自己的猜测，从而展开攻击。最后，在轮番轰炸之下，丈夫不得不将自己的事情坦白告诉给妻子，然后耷拉着脑袋做出一副甘愿受罚的动作来。

当一个人的视线发生斜视的时候，就表示自己有一些不愿意让别人知道的秘密。视线斜视的人正好说明了说谎者因为说谎而感到不安，为了不让别人了解到自己的真实想法，就会尽最大限度地去收集周围的信息来转移恐惧和羞愧的心理或者是寻找一种平衡。

当一个人不敢直视对方的视线的时候，就表明不愿意被对方看穿自己

真实的想法。他们可能会趁着对方不注意,偷偷地去扫视一下对方的脸庞,其实这种游离不定恰恰说明了他在说谎。他偷偷地扫视别人的神情,就是想试探一下自己的谎言是不是起到了预期的效果,是不是被对方识破了。

提到说谎,人们常用的方法是用正视来测试。人们常常怀疑一些不敢直视自己的人,认为他们必定有一些事情在隐瞒着自己。但是,心理学家告诉我们,有许多说谎高手在欺骗你的时候未必就不敢与你的目光相接,反而还会故作镇定地直视你。遇到了这种情况之后,我们就应该报之以直视的眼光,只要是盯着他看上一段时间,就能够从他的眼睛中发现有躲避、恐惧的信息,在强大的心理压力之下,他就会因为心虚而把目光转移到其他的方向。

2.瞳孔的变化

心理学家告诉我们,瞳孔的大小变化常常会受到情绪活动变化的支配。当一个人的情绪出现波动的时候,瞳孔就会不由自主地扩大。这种条件反射式的生理反应是任何一个说谎者都无法控制的,即便说谎者了解到了这一点儿也没有办法去掩饰这一细节。因此,当我们对别人的话感到怀疑的时候,可以去观察一下他们的瞳孔变化。当然,瞳孔变化只是表明情绪波动,未必就代表了对方在说谎。至于对方是否说谎,我们可以将瞳孔的变化和视线的变化进行结合,来进行准确的判断。

3.眨眼频度

普通人每分钟眨眼的频率是 5 到 8 次,这是一种先天性的反映。当一个人情绪产生波动的时候,每分钟眨眼睛的次数就会明显地多了起来。随着眨眼频率的增加,人的眼睛就会出现连眨、超眨、挤眼等现象。

连眨是指在固定的时间之内连续地眨眼。当出现这种情况的时候,就表现出了一个人犹豫不决的心情。同时,连续眨眼也是竭力控制激动心情的表现。

在交际场合中,如果一个人眨眼的频率远远高于常人的话,就说明他的心里一定藏着不可告人的秘密。他们眨眼的次数越多,证明他们心中的秘密就越多。一个频繁眨眼的人一方面他们既不敢正视对方,另一方面又不愿意让自己过多地分心,于是他们就在不知不觉中选择了眨眼的方式。

多看对方一眼,比语言更具威力

犯罪嫌疑人在和犯罪心理学家进行较量的时候,大部分人都不会坦白交代自己的犯罪事实,而是说一些谎言来为自己做一些争辩。在争辩的过程中,他们会刻意用理智来控制每一个动作,力求让它们中规中矩;对自己所说的每一句话都字斟句酌,力求把谎言编织得天衣无缝。在很多情况下,从逻辑推理分析上,犯罪心理学家很难找到犯罪嫌疑人说谎的证据,也难以击破对方的内心,让其坦白交代犯罪事实。因此,遇到了这种情况之后,犯罪心理学家就不会在语言上浪费时间和精力,而是改用其他的方法来控制对方。

心理学家告诉我们,在人与人的交流交往中,相互信任的信息绝大部分是通过眼神的接触来进行传递的。在心理学家看来,语言有实谎之分,而眼神却无真假之辨。如果一个人信任你,他就会用热情亲切的目光来直视你的眼睛;如果他对你充满了敌意,或者是向你提供了虚假的信息,眼睛就会不自觉地朝着别处看,如果你发现了这种情况,就基本可以断定他对你并无好感,不愿意向你说出实情。如果你想要让对方说出实话来,可以一直盯着他看。过一段时间之后,他就会因为恐惧而完全丧失抵御能力,不得不缴械投降,向你说出实情。

多看对方一眼虽然只是一个简单的动作,但却能发挥极大的作用,产生比语言更具威力的效果。

犯罪心理学家比恩接到市民的举报电话,一个杀人犯昨天夜里回到这个城市，目前正躲避在女朋友家里。比恩放下电话之后，就驱车来到了该嫌疑犯女友乔尼的住处。

比恩向乔尼出示证件，表明来意，希望她配合调查，主动把嫌疑犯交出来。但是，被爱情冲昏头脑的乔尼并不愿意大义灭亲，更不愿意提供一点儿男朋友的线索，而是面露憎恨之色，告诉比恩说她根本不认识犯罪嫌疑人。

比恩当然不相信乔尼的话，就对她进行进一步的盘问。乔尼非常“配合”，有问必答，并且还非常的从容。最终，比恩也没有从其口中套出一点有用的信息。不过，比恩并没有就此放弃调查。他继续有一搭没一搭地和乔尼进行谈话，并且一直盯着她看。没多久，乔尼的脸上就呈现了慌乱之色，不过不太明显，但是她眨眼的频率却越越来高。比恩断定嫌疑人一定住在乔尼的家里，于是，他就要求乔尼把房间里的每一个门都打开。最后，他终于在房间的大衣柜中找到了犯罪嫌疑人，将其捉拿归案。

在这个案例中，比恩利用了多看对方一眼的方式来了解了具体的信息。因为，在他直视乔尼的过程中，对方的眼神中出现了慌乱，眨眼的频率明显高于平时。因此，比恩就断定了乔尼在说谎。最后，经过盘问与搜查，终将犯罪嫌疑人逮捕。

哲学家和心理学家们一致认为“眼睛是灵魂的镜子”，从一个人的眼睛中就能够了解到他的内心是什么样子。心理学家纳瓦罗曾经说过：“多看对方一眼，让眼神接触的时间稍微长一些，就能够判断对方是在配合你还是在欺骗你了。”因此，如果你对某个人所说的话语并不信任的话，就应该和心理学家一样多看对方一眼，仔细观察对方的脸色与眼色变化，从中寻找你需要的信息和线索。

心理学家认为，直视的眼光表达的不只是态度，同时还是力度。当你长时间盯着一个人看的时候，就是在告诉对方：“我非常重视这件事情，请你不要对我说谎。”如此一来，就在气场上战胜了对方，同时也掌握了交流沟通的主动权。对方或许会不服从你的命令，不愿意配合你的工作，也可能会想方设法来转变被动的局面，夺回话语的主动权。但是，当他看到你威严的目光之后，嚣张的气焰就会马上收敛，与你进行较量的底气也会迅速消失。最终，他们无法摆脱被控制的命运，不得不回到你设定的“圈套”中去，完全听从你的摆布。

心理学家还提醒我们，如果面对的不是有较大利益冲突的对手，只是一个普通的交际对象时，就要注意一下看人的方式。换句话说就是，可以长时间地盯着对方看，但眼神中最好不要带有挑衅、侮辱、轻视的信息，因为那样极容易激起对方的反抗。为了维护自己的尊严和面子，他们很有可能会采取一些极端的方法来对付你。

通过微表情判断对方的言语真实性

微表情是一种持续时间仅为 1/25 秒至 1/5 秒的非常快速的表情，这种表情转瞬即逝，但却为心理学家了解他人的内心想法提供了有效而又直接的证据。这是因为，微表情是人在试图压抑或者是隐藏内心真正的情感时而流露出来的，和人的内心世界联系非常紧密。不同的表情对应着七种世界通用的情感：厌恶、愤怒、恐惧、悲伤、快乐、惊讶和轻蔑。

心理学家经过研究得出结论，微表情属于一闪而过的表情，快到让人无法察觉的程度。他们曾经对此做过实验，只有 10%的人察觉到微表情。比起人们有意识做出的表情，微表情更能体现人们真实的感受和动机。比如售货员的笑脸里可能闪过一毫秒轻蔑的嗤笑，停车场里向你走来的表情严峻的人可能会突然闪现恐惧的表情等。

心理学家认为，微表情与普通表情的差异只在于微表情持续的时间非常短，而在外在表现形式上两者没有差异。但是，微表情却只在人说谎的时候才会出现，并且都是在下意识中表现出来的，也是无法掩饰的。因此，心理学家就会通过捕捉对方微表情的方法来判断一个人是否在说谎。

露西是一位重度抑郁症患者。住院治疗期间,她告诉主治医生,要求回家看看自己的水仙和宠物狗。提出请求的时候,她显得神情愉悦而放松,不时地眯起眼睛微笑,摆出一副撒娇的模样。见她精神有所好转,医生就答应了她的请求。但令人万万没想到的是,露西在回家之后,尝试了三种方法自杀,最终因为别人及时发现才自杀未遂。

事后,心理学家将当时的视频反复播放,用慢镜头仔细检视,突然在两帧图像之间看到了一个稍纵即逝的表情,那是一个生动又强烈的极度痛苦的表情,只持续了不到1/15秒。因此,他们就判定,露西所表现出的愉悦与轻松都是假装的,她内心里的想法不是如何与抑郁症作斗争,而是如何尽快结束自己的生命。

美国另一位心理学家约翰·戈特曼通过情侣录像来分析两人间的互动。通过研究这些微动作,戈特曼可以预言哪些情侣会继续恋情,而哪些将会分手。

人的面部肌肉会做出不同的面部动作,产生不同的面部表情,心理学家将之称为称为“面部行为代码系统”。他们经过研究发现,这种系统可以帮助人们识别某个表情是自愿的还是被迫的,是自然的还是违心的。

1978年,埃克曼博士发布了面部行为代码系统。在该系统中,人脸部的肌肉有43块,可以组合出1万多种表情,有3000种具有情感意义。埃克曼根据人脸解剖学特点,将其划分成若干相互独立又相互联系的运动单元。分析这些运动单元的运动特征及其所控制的主要区域以及与之相关的表情,就能得出面部表情的标准运动。2002年,这个系统进行了一次升级,对表情的捕捉准确率达到了90%。

心理学家通过大量的实践与实验发现,在短时间内仔细观察微表情的变化就能发现对方的真实情感,也能以此为依据来识别谎言。因此,他们在和犯罪分子以及一些知情人打交道的时候,都会精力高度集中,瞪大眼睛,仔细地观察对方的表情变化，从对方一闪而过的微表情中获得有效信息。

虽然人们会忽略微表情，但是人的大脑依然受其影响，改变对别人表情的理解。所以如果某人很自然地表现高兴的表情，而且其中不含有其他的微表情，就能断定这人是高兴的。但是如果其间有“嗤笑”的微表情闪现，就算你没有刻意去察觉，你也会更倾向于认为这张高兴的面孔是“狡猾的”或“不可信的”。

心理学家认为，人的脸部可以传输信息，它是媒介，是信息传输器。“阅读”一张脸时，有非常多的信息需要我们去发现。与人交谈时，我们不仅仅要观察他的面貌特征、总体表情，还应该提高注意力，从对方的脸上捕捉形形色色的微表情。尽管微表情在脸上出现的时间较短，但提供的信息却是最真实、最有效的，捕捉到一个微表情的作用远比听到几百句话的作用大得多。

会面时的眼神解读

心理学家告诉人们，眼睛具有传情的功能。一个交际高手，他的眼睛也必定有很强的表达能力。比如，利用眼睛来微笑、传递善意，通过敏锐威严的眼光来表明自己的立场，震慑他人的心理等。

心理学家强调，眼睛不仅仅能够表现出一个人的内心世界，其所发出的光甚至还能“杀人”。当然，他们并不是说能从眼睛里射出杀人的光线，而是指一个人的目光具有俘获别人的魅力。在英语的语境里，“迷人的目光”和“动人的眼神”都是形容一个人的眼睛拥有迷人的魅力，就是那种让人瞪大了眼睛紧紧盯住不放的魅力。

心理学家认为，在人类身体所有的器官中，每一个器官都能够传达信息，而眼睛则能传达最直接和最细微的信息。他们说，眼睛是反应最敏锐的器官，所起到的作用大概占到了感应领域中的70%以上，其所传递的信息准确度也是最高的。因此，眼睛也被称为“器官之王”。

眼睛可以呈现出丰富多彩的变化，同时也是传递信息最快的身体器官。心理学家认为，只有当两个人的眼神接触时，才算是有了真正意义上的沟通和交流。在你和别人交谈时，有的人会让你觉得很舒服，有的人则会令你心神不宁，甚至还有一些人会让你觉得不可信赖。其实，这些感觉都是从眼神的交流中得到的，取决于对方注视你的时间有多长或者对你注视的不同目光。

心理学家告诉我们，在和别人会面或者是说话的时候，我们应该有意识地去睁大眼睛。因为，有意识地睁大眼睛，不仅仅可以提升自己的自信心，让自己的精神面貌充满正能量；也等于无声地告诉对方，你对他所说的话非常感兴趣，非常乐意与之进行交流与沟通。

另外，心理学家告诉我们，睁大的眼睛也会表现出一种坚定自信的眼神，这种眼神极具威慑力，它可以使人不敢藐视或侵犯，营造出一种对自己非常有利的氛围，为说服他人打下坚实的基础。

在一些谈判场合中，谈判人员为了取得对方的信任，大多都会努力使自己保持这种眼神。因为只有这样才会为他们的谈判加分，尽可能地为自己争取更大利益。因为他们知道，谈判时若呈现出的是一双愁眉紧锁、目光呆滞的眼睛，就容易引起对方的轻视，对方就会觉得你是一个实力很弱的人，在谈判的时候就会故意加大筹码，向你施压。这样一来，你就会陷入非常不利的境地，自己的利益就会受到很大损失。

在现实生活中，可以毫不夸张地说，有很多人都不擅长眼神交流。他们在说话的时候，只是让嘴巴机械地翻动，眼睛却没有任何的反应。这样就给别人留下了非常不好的印象，会让交流对象认为你说话没有激情，交流缺乏真诚。因此，在与别人交谈时，我们要发挥好眼睛的作用，有意识地瞪大眼睛，以此来强调对此次谈话的重视以及对对方的尊重，表达对自己的信心。

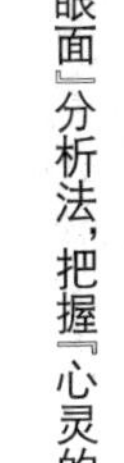

当然，心理学家还提醒我们，有意识地瞪大眼睛，并不是说要长时间直勾勾地盯着对方的眼睛看，而是像看一幅画一样整体地扫视对方的整个面部。毕竟，你所要读懂的对象不是对方的眼球，而是对方的表情。

心理学家认为，在交流的过程中，眼睛就是表达说服者观点、态度、思想、感情等的最重要工具，一个优秀的说服者必然也是一个运用眼睛传情达意的高手。在这一点上，美国心理学家海斯博士还专门进行了一项研究。在研究中，他让很多人观看同一个人的两张照片，其中一张是睁大眼睛的，另一张是微闭着眼睛的，看大家喜欢哪一张。结果，几乎所有的人都说喜欢睁大眼睛的那张照片。

因此，在和别人进行沟通交流的过程中，我们也应该注意练习自己的眼部表情。不管遇到谁，我们都应该有意识地睁大自己的眼睛，至少应该是平时的 1.5 倍。眼睛大而有神，就会给人留下一个好印象。这是因为睁大眼睛的同时，瞳孔也会随之扩大，会使人显得很精神，很有活力。

心理学家指出，人与人的交往就是一场场头脑的较量、一次次眼光的碰撞，如果你想博得别人的喜爱和欢迎，就要学会揣摩别人的心理，而你睁大的眼睛就表明了你是一个可爱的人。利用好眼神的作用，会给对方留下深刻的印象。用眼神去倾听话语，用眼神去与对方的眼神交流，不但能增强谈话的效果，还会促进双方的感情，让对方感到与你谈话不但是语言的交流，更是心灵的对话。

如何判断笑容背后的真实含义

在我们的生活中，随处可以见到各式各样的笑容，这些笑容包括含蓄的莞尔一笑、放浪形骸的开怀大笑、喘不过气的狂笑等。不过，这些笑容当中有真实的，也有虚假的；有发自内心的，也有虚情假意的。这些真假难辨的笑容给了我们很多的疑惑,也会给我们带来一些虚假的信息,从而让我们做出了一些错误的判断,同时也给生活带来了不少的麻烦。

心理学家告诉我们,在生活中当中遇到假笑的次数要远远多于真笑。毕竟,在和人打招呼、拜访客户、表达歉意、缓解紧张气氛、表示友好态度的时候,人们不得不违心地露出一些笑容来。

心理学家提醒我们说,绝不能将假笑一棍子打死,把它当做恶意欺骗别人的标志。毕竟,假笑在生活中特别是在交际场合中起着不可替代的作用。假笑是人际关系的润滑剂,能够维持人与人之间的和谐关系。但是,生活毕竟又太复杂,有些人的笑容之下,往往掩藏着险恶的用心,如果我们轻易地相信了对方的假笑,就会给自己带来一定的麻烦和损失。因此,我们有必要对别人的笑容保持高度的警惕。

如果我们对所有的笑容都保持疏远态度的话,就会在无意之中增加人与人之间的隔阂,将会不利于我们同别人的交往。该怎样做才是最合适的呢?心理学家告诉我们,这就需要从分辨笑容真假上来下工夫了。

心理学家认为,尽管真笑和假笑从表面上看去并没有什么太大的不同,但是两者却依然有着明显差距。比如,一个真笑的人发出的笑声往往是发自内心的,他在泛起笑容的时候,眼睛的周围就会很自然地起皱;而一个假笑的人,尽管眼角也会有些变化,但是那种变化却显得非常生硬。当然,分辨真假笑容的区别并不仅仅体现在这一点上,我们还可以从其他的方面来入手。大致说来,真笑和假笑的区别有如下几种。

1.假笑比真笑持续的时间长

真笑往往是在受到外界刺激的情况之下很自然地发生的,这种笑容比较短暂而且又富于变化。一般说来,真实的笑容和笑声持续的时间也就是2秒到4秒之间,其时间的长短主要取决于感情的强烈程度。假笑则不同,它持续的时间往往要长一些,这就像一个人戴着面具一样,可以带上很长一段时间。为什么假笑比真笑持续的时间长呢?这是因为,假笑的人在违心地发出笑声之后就会考虑如何收场,在他考虑如何收场的时候,脸上的笑容就会凝固,久久不肯离去,因此,笑容也就自然而然地延长了。

2.假笑比真笑结束的时间晚

真正的笑容在刺激持续期过去之后,就会非常自然地收回去,虚假的笑容却不是这样。在生活中,如果我们能够细心观察一下的话,就能够了解到这一点。比如,一个领导讲了一个笑话之后,就会很自然地笑一下,然后很快就结束。围绕在他身边的人,为了迎合他,也会发出笑声,但是这种笑声往往结束的时间比较晚。因为,他们的笑声并不是受到了外界的刺激而发生的,而是为了迎合领导的需要,为了让领导意识到这种笑容,他们就会在下意识里将笑容和笑声延长一些。

3.真笑比假笑对称

真笑往往会非常均匀地浮现在整个脸部,但是假笑却不是这样的。假笑发出的时候,很难做到脸部肌肉发力均匀,而是会偏重于脸的一旁。通常情况下,绝大多数的假笑都会浮现在右侧的脸庞上。

当我们仔细观察电视机上播放的某一个明星面对媒体讲话的时候,就会发现他们面对尴尬问题时候显露出的假笑。这种笑容让人看上去就是在用力地挤脸部的肌肉,感觉很不舒服。

4.真笑与假笑发生的位置不同

如果对脸部肌肉进行解剖的话,就会发现脸部的两套肌肉可以做出笑容的表情,分别是眼轮匝肌和颧肌。眼轮匝肌可以收缩眼部肌肉使眼角出现鱼尾纹,而颧肌可以让我们做出咧嘴、露牙、面颊提升等动作。从生理学的角度上来讲,这是因为前者完全独立于意识的控制之外,后者则是受到了意识的严格控制。换句话说就是,当一个人的脸部出现鱼尾纹的时候,就说明笑容是真的。

假笑源于情感的缺乏,由于缺乏情感,微笑的时候就会嘴角上扬、神情显得有些茫然。

除了上述四点之外，我们还可以通过眼睛或瞳孔的变化来分辨出笑容的真伪。当一个人因为高兴或者是惊喜而露出笑容的时候，瞳孔就会放大，眼睛也就变得非常有神；反之，就会出现目光呆滞、瞳孔缩小的情况。

第5章

情感分析法，人际交往中的制胜心理

情感是一个非常奇妙的东西。如果有人对你产生了好感，就会义无反顾地把你当成朋友，和你走在一起。当你需要帮助的时候，他就会尽其所能无偿提供你想要的东西。反之，如果他对你非常厌恶，那么，无论你要求他做什么，都无一例外地会遭到拒绝。因此，心理学家建议我们在与人交往时，就要想方设法让其对自己产生好感。只要能博得对方的好感，就等于俘获了对方的心，取得了人际关系的胜利。

如何与对方更近一步

心理学家告诉我们，在与别人交谈的时候，谁也不愿意遭到对方的冷眼相待、冷言相讥，更不愿意让冷场出现。要想避免这些情况的发生，我们就应该主动寻找双方感兴趣的话题，来拉近彼此的关系，进而让交谈顺畅地进行下去。

用共同感兴趣的话题来拉近彼此的距离，不仅仅需要有良好的意愿，还应该有正确的方法。毕竟，寻找共同语言不能靠一厢情愿的凭空臆想，而是要建立在了解对方的心理基础之上，这就需要我们能够读懂对方的心，找到彼此间都感兴趣的话题，进而展开交谈，让彼此的交流顺利地进行下去。

犯罪心理学家在办案的过程中，会遇到形形色色性格不一的交谈对象。这些人包括犯罪嫌疑人，也包括知情人。为了能够从他们口中得到有效的信息，犯罪心理学家就会潜心观察，仔细分析，耐心寻找和对手之间的共同话题。一旦找到共同话题之后，就以此为突破口，展开交谈，然后在不显山不露水之中得到自己想要的信息。他们的交谈方式，值得我们借鉴。

那么，心理学家究竟是用什么方法来和一个个陌生人建立共同语言的呢？大致说来，有如下几种方法。

1.从对方的生活习惯上寻找共同话题

一个人有一个人的生活习惯，而这个生活习惯则透露出了很多重要的信息。用一名心理学家的话说就是："一个人的生活习惯就是他本人的内心密码，只要能够了解一个人的生活习惯，也就能对他的性格了解个大概。"由此可见，了解一个人的生活习惯，就能够为寻找双方共同的意愿打下坚实的基础，提供有价值的线索。

在生活中，如果我们想要和一个人进行交往，没有必要急匆匆地就去和他进行交谈，而是要在说话之前做一番准备，用心观察一下对方的生活习惯，从他的穿衣、吃饭、交往方式、做事风格等方面挖掘出他的“内心密码”，然后根据这些“密码”，认真寻找其想要得到的东西，再进行总结归纳，找到彼此共同感兴趣的话题。一旦找到了共同话题之后，就可以以此为基点，积极地向对方靠拢，主动提出合作，从而实现双方利益的最大化。

2.寻找两者的共同利益

从很大程度上来说，共同话题就是共同的利益。有一位政治家这样说道：“世界上没有永远的朋友，也没有永远的敌人，只有永远的利益。”人和人之间的关系，从根本上来说，就是利益的关系。如果没有了共同利益，人们之间就会失去很多友谊。

在每一场交往中，双方都可能会有一些或明或暗的共同利益。一旦找到了和对方之间的共同利益，就能很自然地将谈话进行下去，也能够让彼此间的关系得到进一步发展。因此，在面对谈话对象的时候，我们可以尽量地思考一下两者之间的共同利益。比如，了解一下对方的身份、从事的职业，再思考一下他们所需要的东西、与自己的利益交织点，然后以此为契机，谈一些双方都比较关心的话题。如此一来，共同语言就得以建立，彼此的关系也能更进一步。

3.从聊天中捕捉共同的话题

人与人之间进行的每一次聊天都是内心想法的流露，一个人说得越多，传递出的信息也就越多。一般情况下，两个人之间的谈话时间越长，对方也就越容易捕捉到共同的语言。

有一名资深的犯罪心理学家曾经说过：“每一次审讯都是一次和犯罪嫌疑人进行谈话的过程，你和他们的谈话越深入，你得到的信息就会越多。在谈话的过程中，如果你认真思考一下，就能够得到很多有效的信息，也能够寻找到更多的共同意向。”因此，犯罪心理学家在审讯犯罪嫌疑人的时候，就会尽量地多和他们进行交谈，以便于从中寻找共同点，发现共同的语言。

对于我们来说，与熟人建立共同话题易，和陌生人建立共同话题难。毕竟，我们不像心理学家和犯罪嫌疑人的交谈一样，缺乏让对方开口的条件。不过，我们可以在进行一番寒暄之后，尝试性地和对方针对某件事情、某些工作做一下交流和讨论。在进行交流讨论时，无论对方持什么态度和意见，都能反映出其内心世界。一旦我们了解了对方的真实想法，就能够捕捉到有效信息，也就为寻找共同话题打下了坚实的基础。

犯点小错，消除对方的戒备心

在人们的印象中，越是优秀的人越能够聚集人的目光，越能够获得他人的好感。因此，很多人在他人面前都会尽量地隐藏自己的不足，竭力地展示出最好的一面，决不允许自己犯低级的错误，以为这样更容易缔造完美的交际关系。实际上，这样做的结果却往往会和美好的愿望背道而驰。

心理学家长年累月和别人打交道，积累了很多经验，有着很多独到而又深刻的认识。他们认为，和太过于完美的人打交道，往往会给人带来沉重的压力感。一个人一旦给人造成了压力感，别人就会对其产生极强的戒备心，那么，想让别人敞开心扉推心置腹地交谈、知无不言言无不尽地交流就只能是奢望了。如果一个人总是以完人的形象出现在别人面前，他必定会受到众人的疏远。

心理学家有着精湛的技艺、缜密的思维、强大的气场，应变能力、处理问题的能力也是出类拔萃，堪称是完美的人。但是，他们并不会以此作为骄傲的资本。在很多时候，他们还会故意犯一些小错误来吸引别人。因为在心理学家看来，犯一些常识性的错误可能会给自己带来一些尴尬，但是却能够激起别人的优越感，也能大大降低对方的戒备心，从而更好地按照你的意愿做事。正是因为如此，他们在和别人打交道的时候，通常都会故意犯一些小错，来放松对方的心情，降低对方的戒备心，从而达到想要达到的目的。

乍一看起来，心理学家的观点有一些匪夷所思，因为这种观点和我们印象中的观念是不相符的。但是，这确实是不容颠覆的真理。如果心存疑惑的话，我们就不妨仔细观察一下身边的同事，就会发现最受欢迎的不是那些最有才华者，而是能力不错却有一些无伤大雅的小毛病的人。

为了印证这个观点，社会心理学家阿伦森专门做了一个实验：他组织一些人同时听一段录音，录音的内容则是四位选手在进行辩论。四位选手之中，有两位才华横溢口才极佳的选手，而另外两位则是辩才普通水平无奇的人。根据事先的安排，口才极佳与辩才普通的两组人当中，各有一位“不小心”打翻了桌上的咖啡。

听完录音，阿伦森要求听众排列一下对四位选手的喜欢程度。最终结果显示，才华横溢口才极佳的两个人中那个打翻了咖啡的人排在第一位。根据实验结果，阿伦森将有小错误却能增加吸引力的现象命名为“犯错误效应”。

其实，这种现象并不难理解。从人的潜意识来看，人们都比较倾向于自我价值的实现和尊严得到尊重与保护，不愿意受到刺激和伤害。对于那些才华出众的人，人们只会在仰着头看的时候产生一些崇拜之情，但是却不愿意和他们有过多的交往。因为和他们在一起，会让人感觉自惭形秽，甚至是无地自容。毕竟，能力非凡才华横溢的人和我们之间存在着太大的差异。在这巨大的差距下，为了保护那颗脆弱的自尊心，我们就不得不采取敬而远之的态度来对待他们。反之，一个人尽管有着很多的优点，但是身上也存在着一些明显的错误，就不会给我们带来多大的心理压力，因为这些错误从某种程度上证明了我们的长处，体现了我们的价值，因此，和他们打交道也就不再会有什么心理隔阂了。

研究表明，一个人的才华和能力在人们可以接受的心理限度内，就更具有魅力，如果才华和能力超出了一定的限度，那么就极容易引起别人的警惕。

尽管金无足赤人无完人，但是相对而言，生活中还是存着足以令我们仰视的“完人”，他们才华横溢、品位高雅、举止不俗，但是他们很难受到他人的认可和信任。毕竟，这样的人对一般人来说，存在着太大的威胁，为了避免受到威胁，人们就不得不用疏远的态度来保护自己。

在职场中，我们固然要尽量把每一项工作都做到尽善尽美，但却不能表现得过于完美。因为那样的话，就会让你身边的人产生压力。为了摆脱这些压力，他们就会在下意识中和你保持距离。如此一来，你也就无法完成和别人的交往与沟通。久而久之，你的交际能力也就会随之下降，无论是你的生活还是工作都会受到严重的影响。为了防止这些情况的出现，在和别人打交道的时候，我们就应该故意犯一些小错误，来降低别人的警戒心。

主动提供帮助，让对方欠你的人情

互惠互利是人类社会中永恒的法则，在工作和生活中，如果我们想得到别人的帮助，最好要在寻求帮助之前对其提供一定的帮助。这样一来，对方就会欠你一个人情，也会想方设法用自己的实际行动来进行补偿。在这个时候，你再适时地提出自己的要求，就能够大大提高别人答应该要求的可能性。

心理学家是深谙互惠之道的人。在平时，他们总会为一些认识或不认识的人提供及时的帮助，以此来博得别人的好感。因为他们知道，只有自己帮助了别人，别人才会帮助自己；反之，如果只知道索取而不愿意付出的话，最终必将一无所获。

罗蒙德教授的一块怀表丢了。他在当地的报纸上登了一则寻物启事。启事内容是：“怀表是妻子送给我的定情物，已陪伴我二十余年，突然丢失，深感遗憾。如有捡到者，请归还于我，必有重谢。”

三天后，罗蒙德教授正在办公室里休息，响起了敲门声。他打开门一看，发现外面站着一位犯罪心理学家。犯罪心理学家自我介绍说："您好，我叫亨利。昨天我们破获了一起扒窃案，从小偷身上搜到了这块怀表，您看看，是您丢失的那块吗？"

罗蒙德教授仔细看了看怀表，肯定地说："没错，正是我的！非常感谢您，亨利先生。这几天为了找这块表，我都快急疯了。"

犯罪心理学家笑着说："您太客气了，这是我应该做的。"说完就转身准备离开。

"等一下，这是给您的报酬，非常感谢您的帮助。"罗蒙德边说边掏出五百美元。

"谢谢您，不过，我不是为这个来的，您还是把钱拿回去吧。"

"那能留下您的地址或者是联系方式吗？我总得为您做点什么吧，否则我的心里就太过意不过去了。"

"您是心理学教授是吧？"犯罪心理学家说，"最近我们分局想对员工们进行一下培训，让他们学习一下心理学知识。如果您方便的话，能不能去给我们上一堂课？"

"没问题，这个周五下午我有时间，到时候我过去就是啦。"罗蒙德教授爽快地答道。

心理学家认为，凭空要求别人做一些事情，很可能会遭到拒绝。因为别人不欠你什么，他有拒绝你的权利。但是，如果你积极主动地帮他做了一些事，为他提供了一些帮助，那么他就会觉得对你有所亏欠，如果不偿还给你的话，就会良心难安。比如，在下雨天里，有人为你撑起了一把雨伞，你一定会记住他的名字，争取在最快的时间里还给对方这个人情；有人在你经济困难的时候给你提供了一些资金帮助，等你度过困难期之后，就一定会想方设法报答对方的恩情。

有一个学者曾经做了一个实验：他在一群素不相识的人中随机抽取了几

十个人的名单。圣诞节前夕,他给这个名单上的每个人送了一张贺卡。两天之后,所有的人都给他回赠了一张贺卡。这让教授感到非常惊讶,他原以为有人接到贺卡之后会没有任何表示的,没想到他们都给自己回赠了贺卡。

收到贺卡的人都不认识教授,甚至连他的名字也不知道。但是,因为收到了教授的贺卡,他们就觉得要么是自己把教授的名字给忘了,要么就是他们曾经有过接触。但是不管怎样,既然人家给送来贺卡了,自己都应该有所表示才对,如果不有所回赠,于情于理都说不过去。

通过实验我们可以看出,一个人,即使是一个完全陌生的人,如果你先给其一点点好处,那么他会尽量以相同的方式回报你。

中国有句古话,叫做"欲先取之,必先予之"。寻求别人的帮助或者是配合,就是"取",给对方一些帮助或实惠就是"予"。在"取"之前,我们需要做的不是急急忙忙伸出手去或者是心急火燎地提出要求,而是要想一想,对方需要什么,自己能为其提供什么。须知,得与失,是相辅相成的关系,在一定的情况下是可以相互转化的。因此,在我们在寻求他人帮忙的时候,要先为对方做一些事。只有这样,才能够顺利地达到目的。

用真诚打动对方

人和人之间的感情,是通过相互了解、相互关心建立起来的,要想得到别人的友谊,不需要有太多的技巧,只要我们懂得真诚地关心别人就能够拥有的很多朋友。当你放下所有的算计,对别人报以真诚的关心,别人自然也会对你付出真诚,在这个基础上建立起来的友谊才是真正的友谊。

某学院有这样一个案例:有位教师写了一本《思想政治工作方法》的书,出版社让他推销1000册。对他来说,这远比讲课要难得多。为了把书推销出去,他在学院搞了一次演讲,他说:"当老师的在这里推销自己写的书,总

不免有些尴尬。不过，如今作者也很难，写了书，还得卖书。出版社一下押给我1000册，稿费一分钱没有，所以我不推销不行。这本书写得怎样，我自己不好评说。不过有两点可以保证：第一，这本书是我用三年时间完成的，是我心血的结晶；第二，书的内容绝不是东拼西凑抄下来的，是我自己长期思考的见解。前不久，这本书被思想政治工作研究会评为社科类图书的二等奖，这是获奖证书。说实话，对于我们这些'教书匠'来说，搞推销比写书还难，我只是硬着头皮来找大家帮忙。不过，买不买完全自愿，决不强迫。如果觉得这本书对你有用，你又有财力就买一本，算是帮我一个忙，谢谢。"他的这次演讲立即产生了效果，一次就卖掉了300多册。

这位老师的成功推销从某种意义上说，就在于他恰到好处地表达了自己的真诚，赢得了听众的信赖。

用温暖化解敌意

"南风法则"又被称作"温暖法则"，它来源于法国作家拉·封丹写的一则寓言：北风和南风比赛，看谁能先把行人穿在身上的大衣脱掉。骄傲的北风呼啸而至，来到行人面前，一次次地向行人发起攻击，妄图以此吹开大衣，然而，北风刮得越猛，人们将衣服裹得就越紧。南风则徐徐吹动，带来了风和日丽的艳阳天，让行人感觉到了暖意，于是他们就解开了纽扣，脱掉了大衣。最后，南风获得了胜利。

"南风法则"告诉我们：在征服他人的时候，不能靠猛烈的攻势和严厉的语言，而是要靠爱心的付出和温暖的感化。在这一点上，犯罪心理学家可以说是深有感触。在和抵抗意识比较强的犯罪嫌疑人或者是知情人打交道的时候，他们很少会板起面孔训斥对方，要求对方无条件地配合自己的工作，也很少会威胁对方，而是遵循着南风法则，以送温暖的形式来化解对方的敌意，让对方心甘情愿地配合自己的工作。

联邦调查局分局得到消息——掌握犯罪嫌疑人证据的舒伯特前几天已经秘密返回了家里。分局决定派犯罪心理学家乔治去他家里了解情况。

乔治敲开了舒伯特家的房门，迎接他的是舒伯特的妻子。舒伯特的妻子见到是联邦调查局的人，脸上就露出了敌意。她大声地对乔治说："我也在找舒伯特，我现在根本不知道他去了哪里，就权当他已经死了，请你们不要再难为我了好吗？"

乔治大为不解，问道："太太，我们刚刚得到消息，您的丈夫前两天已经回到了家。难道是我们的消息有误？"说完，他就从包里拿出一张照片让舒伯特太太看。这张照片是消息提供者前天在舒伯特家的门口拍的，虽然不是很清晰，但依然能够清楚地看出是舒伯特本人。

然而，舒伯特太太的回答却让乔治大失所望："对不起先生，这不是我丈夫，而是他远在意大利的双胞胎弟弟。他前天的确来过，不过昨天已经离开了。"乔治在此前对舒伯特的家庭情况做过调查，知道他根本就没有弟弟。看到舒伯特太太撒谎，乔治就戳穿了她的谎言，并威胁说："如果您不配合我的工作，我就有权力将您带回局里审问。"可是舒伯特太太并不买账，也不惊慌，反而反唇相讥："警察先生，难道我们的宪法修改了吗？什么时候联邦政府赋予了您无故抓捕联邦公民的权力？"乔治见状，无可奈何，只好返回了局里。

回到局里，乔治左思右想，感觉到自己有一些地方做得不够好，才引起了舒伯特太太的敌意。于是，他就决定下次去的时候，转变一下方式。

乔治第二次来到了舒伯特的家里。这次，他并没有向上次那样逼问舒伯特太太丈夫的下落，而是非常亲切地询问："您的先生不在家，生活上是不是有一些困难？如果有一些体力活自己做不了的，您可以给我打电话。作为一名联邦调查局的警察，我有义务为美国公民提供帮助。以后您如果需要帮忙，只管找我就是了。"临走前，乔治还把自己的电话告诉了她。

从此之后，乔治就经常来到舒伯特的家里，帮助他的妻子做一些力所能

及的事情。最后，舒伯特的妻子被感动了，主动打电话把将舒伯特叫了回来，并让他告诉乔治自己所掌握的信息。

严厉的态度与行为就像是北风，而温暖的语言和行动就像是南风。要想化解他人心中的坚冰，绝不能依靠强压的方式，因为那样就相当于是让坚冰变得更加坚硬，而温暖柔和的方式，则是和煦的南风，可以让冰雪融化。

在现实生活中，如果我们也想取得别人的信任，赢得他人的配合的话，也应该和心理学家一样，运用“南风法则”来化解他人心中的敌意。这就要求我们做到如下几点。

（1）待人要真诚，说话做事要做到将心比心。因为，爱人者，人恒爱之，敬人者，人恒敬之，只有传递出了真诚，做到了站在对方的角度上看问题、想事情，才能获得他人的好感。

（2）少一些功利心。很多人在需要别人帮助的时候，往往会把对方当成达到目的的一种工具，并且想方设法去坑蒙拐骗，这种思想是错误的。须知，和我们打交道的是有血有肉的人，如果你的功利心太重，就是不尊重对方，也难以引起对方的尊重。

（3）通过沟通了解对方的心理状态，并针对其实际情况来采取相应的措施。比如，别人在生活上出现了困难，你就要尽自己最大的努力去帮助他，进而来感化他，最终获得他的信任与好感。

用情感策略与对方产生共鸣

心理学家认为，趋利避害是人的本能之一，人们时时刻刻都会站在自己的角度上思考问题，对自己有利的事情会表现得非常热情，对自己不利的事就会选择躲避。在人际交往中也是如此，如果人们能够遇到一个和自己的利益联系最紧密、能够给自己提供帮助的人，就会对其产生好感，主动向其示好，或者是心甘情愿地按照对方的思路去做事。因此，心理学家在和犯罪嫌疑人或者是知情人打交道的时候，通常都会采取一种“欲擒故纵”的方法——不着急表现出自己的观点和方法，而是首先给予对方一定的好处，以此来取得对方的好感，然后巧妙而又不着痕迹地表达出自己的观点。

当然，欲擒故纵讲究的是巧妙和不露痕迹，还需要掌握好度，如果分寸掌握得不好，就会变成纵而不擒。我们来看下面这个故事。

在某个县城的一条街上有两家影院，分别为甲影院和乙影院。为了在竞争中获胜，两家影院都使出浑身解数争相招揽顾客。情急之下的甲影院老板拿出了“跳楼大甩卖”的架势，宣布门票打三折。乙影院的老板见状，索性就放出话来说，门票打两折，并且每一个前来看电影的顾客都赠送一包瓜子。

甲影院的老板认为乙影院老板疯了。门票打两折就是两块钱，而一包瓜子的价格也是两块钱。这样做岂不是白请别人看电影吗？甲影院在乙影院的强大攻势下，只好关门大吉，这条街上只剩下了乙影院一家。大家都认为这下乙影院应该恢复竞争之前的票价了，但是却发现这个看电影打两折还送瓜子的手段依然保留了下来。半年之后，乙影院的老板不仅没有宣告破产，反而换了大房子，买了高档车。甲影院的老板看到之后，感到十分不可思议，为了了解真相，就通过别人来打听乙影院老板的生财之道。

最后，甲影院老板终于弄清楚了事情的真相。乙影院的门票价格定在两元上要赔钱，送一包瓜子更赔钱，但是免费赠送的瓜子却是超咸型的无香瓜子。人们吃了之后，很容易就会产生口渴的感觉，这时候老板就不失时机地卖起了饮料。而这些饮料也是经过精心挑选的甜味饮料，别人越喝越渴，不得不停地去买。虽然看电影送瓜子让电影院赔钱，但是那些饮料却给乙影院的老板带来了高额的利润。

两家影院的老板以低价格的方式来招揽客户，都是在利用欲擒故纵之计。但甲影院的老板明显没有乙影院的老板聪明。因为乙影院的老板知道用什么方法去掏观众的腰包，而甲影院的老板却没有这方面的准备，也没有采取这方面的措施。因此，他在竞争中就失败了。

无论是在商业中还是在人际交往中，欲擒故纵都是一种非常有效的方法。心理学家为我们提供了如下三种有效的方法。

1.假装告辞

有很多交流对象生性优柔寡断，他虽然会对你说的话非常感兴趣，对你所陈述的观点有一定程度的认可，但是却拖拖拉拉，迟迟不做决定。在这个时候，你就可以告诉对方："不再为难你了，你考虑好之后再说吧。"然后收拾东西，做出故意要离开的样子。这种假装告辞的举动，在很多时候都能够促使对方下决心按照你所说的去采取行动。

2.用优厚的条件吸引

心理学家认为，如果一个人在一开始的时候被优厚的条件诱惑住，那么对于后来才知道的不好的条件也能爽快地接受。这是人们普遍存在的一种心理，我们若能利用好这种心理，往往就能够取得沟通与交流的成功。在很多谈判中，沟通的一方往往会在一开始的时候就提出极具诱惑力的优厚条件来麻痹对方，让对方产生一种谈判对自己非常有利的错觉。等到谈判基本结束之后，主导方再提出一些不利于对方的细节，对方也就比较容易接受了。

3.给对方以希望

每个人都很关心自己的利益，在谈判的时候最关注的也是对方会给自己提供一些什么好处。如果有人赤裸裸地向我们提出这些问题，我们可以以回避来对应，但是还要给对方一个希望，以此来引导他。越是给他希望，越是不告诉他具体的好处是什么，对方就越愿意与我们配合。这样一来，主动权就会牢牢地被我们所掌握。

学会示弱，换得对方的同情

提起犯罪心理学家，许多人想当然地认为他们是一群不苟言笑、盛气凌人、说话咄咄逼人的人。其实,这只是犯罪心理学家在工作和生活中的一方面,并不是全部。在很多时候,他们还会刻意地把自己打扮成一个弱势者,然后再与人进行交流与沟通。

有人认为,犯罪心理学家不能扮演软弱者的角色,因为那样不符合他们的形象。但是,犯罪心理学家却不这样认为,他们认为,扮演软弱者是以“柔术”驭人,可以得到别人的同情,更能有效地征服对方,让其按照自己的想法去行事。

犯罪心理学家告诉我们,在大多数情况下,人往往会对比自己强的人存在着强烈的竞争与戒备心理,甚至还有可能会产生不同程度的仇视心理,而对那些状况不如自己的人则大都会产生一种怜悯、同情之心,如果对方遇到了一些困难向其求助的话,一般都能有求必应。因此,他们在和一些知情人打交道的时候,通常都会放低姿态,以弱者的面孔来和对方进行交流。比如,他们会对一个拒绝合作的知情人大倒苦水,诉说工作的艰辛,埋怨领导的绝情,忧虑薪水的微薄等。这样一来,对方的怜悯之心就会释放,对犯罪心理学家充满无限同情,心肠一软,也就愿意主动与其配合了。倘若犯罪心理学家以另一种面孔出现,声色俱厉地告诉对方必须配合警方工作的话,恐怕就会是另一种结果了。

在现实生活中,有许多善于交际的人也通常采用这种方式来和别人进行交流,取得了非常良好的效果。

一天晚上,有一个女出租车司机把一个男青年拉到了指定的地点。正当她准备掉转车头往回走的时候,却发现那个男青年不但没有下车,反而掏出了一把尖刀架在了她的脖子上。

女司机没有见过这样的阵势,看到明晃晃的刀子,差点儿晕过去。这时候,那个男青年恶狠狠地对她说:“把你身上的钱全部给我交出来,慢一点的话我就不客气了!”

女出租车司机双手颤抖着把身上的三百多块钱给了他:“我今天第一次

开出租车,挣的钱不多,只有这三百块钱,如果你嫌少的话,就把这些零钱也给你吧。”说完又掏出了三十多块钱的零钱。

男青年把钱拿到手里之后还有些不甘心,准备对女司机进行搜身。女司机见状,眼泪就流出来了,说:“我今天第一次开出租车,真的没有钱了。你不知道我的家庭情况,在几年前,我的儿子得了一种怪病。为了给孩子看病,我和丈夫借了很多钱,最后都把房子卖了,全家搬到郊区租房子住。好不容易把儿子的病看好了,我们单位又裁员,我成了下岗职工。这时候,有很多债主都跑到我们家里逼着我们还债,我只好托熟人帮我在出租车公司里找了个工作。我本来以为能够多挣点钱提前把债还清的,没想到却出了这事。没办法,只能怨自己命苦啊……”女司机一边说着一边用纸巾擦泪,说到伤心处,竟然哽咽不能自已了。男青年见她如是说,心里就过意不去了,默默地收起了刀,把钱还给了女司机,从车上走了下来。

其实这个女司机并不是第一次出车,她的儿子也没有什么病。但是,面对一个近乎疯狂了的人,她只能采取这种方式来保命。如果在这种危急时刻,出租车司机拼命抵抗或者是歇斯底里大喊救命,恐怕就会发生不测。毕竟,在体力上,她不是劫匪的对手,选择硬碰硬的方式,无异于是自取灭亡。

有一位心理学家曾经说过:“在很多时候,用感情来打动别人,激起别人的同情心,比一味滔滔不绝地讲大道理更有效果。”的确,人心都是肉长的,每一个人的心灵深处都有一处非常柔软的地方,哪怕是一个铁石心肠的人也不例外。在和别人进行交流的时候,如果我们能够扮演好一个弱势者的角色,就能触及到对方的心灵柔软地带,激发他的同情心,到了这个时候,无论是多么难解决的事情最终都会迎刃而解。

心理学家一再强调,要想说服别人,得到别人的赞同或者帮助,最好的办法就是以“柔术”激发起对方的同情心。你应该放下高傲与自尊,适当地贬低一下自己的能力,夸大一下个人的悲惨境遇,让对方的同情心发挥作用,主动向你伸出援助之手。

第6章

软点分析法，把握“要点”步步稳赢

心理学家认为，在与人交往时，要想让对方服从你，按照你的想法去做事，就要找到他的“要点”，并有效地进行分析和把握。心理学家强调，不同的人有着不同的心里软点，在对他们的要点进行分析的时候，就要仔细观察，认真分析，对症下药，寻找合适的方法和切入点，进而获得胜利。

从关键点入手才能打动对方

犯罪心理学家经常会遇到一些意志坚定、誓死效忠犯罪组织的罪犯。无论他们用什么手法来进行劝说、诱导，这些犯罪分子往往咬紧牙关，一句话都不说。面对这些冥顽不灵的犯罪分子，犯罪心理学家并没有放弃努力，更不会使用刑讯逼供，而是绕道而行，从对方最亲近的人中寻找突破口，并运用感情攻势来打动对方。

欧文被依法逮捕。他拒不交代犯罪团伙的信息，不提供同犯的名字。犯罪心理学家见状，就不再逼问他，而是决定打感情牌，从他最关心的人入手。

审讯他的犯罪心理学家安东尼对他说："你这种不顾及自己生命安全为朋友两肋插刀的精神让我很佩服。但是你知不知道，这样的话，你就有可能被判处死刑。或许你不在乎死，但是如果你死了，你唯一的亲人凯丽就会成为无人照顾的孤儿，上学没人送，放学没人接，受欺负了也没人可以依靠……"

听了安东尼的话，欧文的脸上抽搐了一下。他陷入了沉思：自己死后，凯丽就再也没人照顾了，再也没有人陪她去迪斯尼玩，没人陪她吃麦当劳了，她还要面临无数的指责和谩骂，会因为是罪犯的女儿而遭到众人的唾弃。

欧文的眼角湿润了，他觉得自己对不起女儿，不能让女儿背负太多罪责。于是，他经过一番的心理斗争之后，就决定配合安东尼，将自己知道的信息全部说出来。

人们最在乎的往往不是自己，而是自己的亲人。他们不愿意让自己的亲人受到任何的伤害，会尽自己所有的努力去保护他们。因此，欧文为了自己的女儿，就不在再想对朋友的忠诚、对犯罪团伙的效忠之类的问题了，而是非常痛快地交代了事实。

有一位社交达人说过这样一句话:“关心对方不如关心对方身边的人。”在生活中,如果你有求于人,最好的办法不是向施助者示好,而是要关心一下对方最亲近的人。须知,当你直接向一个人表示好感的时候,对方未必会买你的账,他可能会认为你是在拉拢他、欺骗他,因此就会产生一种本能的抵触情绪。但是,如果你对他最亲近的人表示关心,想方设法将他们拉到自己这条战线上来的话,那么,什么事情就都比较容易解决了。

对于很多人来说,和他最亲近的人莫过于他的妻子。因此,我们在和他打交道的时候,就不妨走一下“夫人外交”路线,通过博得其妻子的好感进而来获取他的好感。

亚男大学毕业后,来到一家大型国企担任办公室助理一职。她在这个职位上整整做了两年,却一直没有得到提升。尽管在这两年里她不断地向老板示好,给老板送一些小礼物,但是却并没有达到效果,因此,她感到比较郁闷。

后来,她听说老板是一个“妻管严”,只要是妻子发话,老板没有不听的,就决定走“夫人路线”。于是,亚男隔三差五地去老板娘家里和她聊天,给她送一些化妆品、服装等礼物。除此之外,她还常常拉着老板娘去健身房里,并送给老板娘几家健身房的会员卡等。一来二去,老板娘就和亚男成为了闺蜜。

老板娘和亚男成为了好朋友之后,就经常在老板面前夸奖她,说:“这个小姑娘聪明又灵巧,将来一定有出息。”她又有事没事地向老板打听亚男的情况,询问她的工作等。因为夫人经常提起,老板也就不免注意起亚男来。经过一段时间的观察,老板发现亚男的工作能力非常强,做事很有条理,更难得的是在公司里的人缘也非常好,就有了重用她的意思。后来,公司里出现了一个部门经理的空缺,老板就把亚男当成了第一人选。最终,经过公司管理层的讨论,亚男就成为了那个部门的经理。

在现实生活中，如果你想有效地求助于人的话，就不能一根筋，只向求助对象献殷勤，而是应该聪明一点儿，走一下“亲人路线”，通过关心其亲人的方式来向其施压，最终达到你的目的。

如何激发对方虚荣心

心理学家认为，人们普遍存在一种比较心理。有些事情自己觉得并没有什么，但是一旦听说别人做了的时候心里面就会非常不舒服，也会有一种失落感。为了弥补这种失落感，他们就会去做那件自己并不感兴趣的事。这种比较心理，说白了就是“别人有的我一定也要有的”虚荣心，而这种虚荣心往往会成为一个人致命的软肋。了解了这一点之后，我们就要利用好别人的比较心理，以挑起其虚荣心的方式来达到自己的目的。

在办案的过程中，犯罪心理学家经常使用这种方法来让犯罪嫌疑人交代事实。比如，面对顽固不化拒不交代的犯罪嫌疑人，心理学家就会对他们说：“按照联邦法律，坦白犯罪事实的人可以从轻处罚，你不珍惜这次机会的话，你的同伙就捷足先登了。”一般情况下，犯罪嫌疑人在听完之后就会乖乖交代犯罪的经过，因为他们不愿意让别人获得减刑的机会，也不愿意让自己白白失去这次机会。

在现实生活中，有许多人也和心理学家一样善于运用这种方式来达到自己的目的。

哈伯博士准备在芝加哥大学里建一座教学楼，但是有一百万美元的资金缺口。于是，他找出了芝加哥百万富翁的名单，准备从他们中的某一个人身上募集到这些钱。经过慎重的考虑，他选择了两个人，有意思的是，这两个百万富翁之间却是积怨颇深的。

在一个午餐的时间哈伯博士前去拜访了其中的一位——芝加哥市电车

公司的总裁。因为这个时候办公室的工作人员都已经去用餐，就连总裁的秘书也不在。这样的话，哈伯博士就不会遇到任何的阻力，能够很轻松地走进总裁的办公室。

总裁对这位不速之客感到很惊讶，脸上的神情也是淡淡的，可以看出，对哈伯博士的不请自来是十分不欢迎的。

哈伯博士自我介绍说："我叫哈伯，是芝加哥大学的校长。在这个时候外面办公室里没有人，我就自己闯进来了，请您原谅我的冒失。"

总裁的脸色缓和了下来，示意哈伯博士坐下。哈伯博士坐下之后对这位总裁说道："我知道您在事业上非常的成功，您在芝加哥市建立了一套很好的电车系统，也获得了巨额的利润。但是，总有一天您还是要被上帝召唤回去，进入那个不可知的世界。在您之后，或许芝加哥市的人们早就把您忘掉了。"

"我可以给您提供一个名垂千古的机会。您可以在芝加哥大学兴建一座大楼，这座大楼用您的名字来命名。但是，学校董事会的许多成员却准备把这个机会让给布朗先生，据我了解，布朗先生曾经和您有过一些过节，我的心里对他也还是有一些意见的，因此不愿意将这个机会给他。如果您有这方面的打算，那么我会回去说服那些支持布朗先生的人。毕竟，在私下里，我对您抱有的好感还是大一些的。"

"当然，我今天只是因为外出办事路过这里，顺便过来坐坐，和您见面谈一下。不过这个事情还是需要您的考虑，并不能现在就做出决定。如果希望和我谈论这件事的话，麻烦您抽空给我打个电话吧。好了，先生，我很高兴有机会和您聊天，就这样吧，我该走了。再见！"

回到学校没多久，电车公司的总裁就打来电话，要和哈伯约一个见面的时间。

第二天的早晨，电车公司的老板就按时间来到了哈伯博士的办公室，短短的一个小时之后，一张一百万美金的支票就交到了哈伯的手上。

为什么哈伯博士能够轻而易举地就成功了？关键就在于他较好地运用了人的比较心和虚荣心，又故弄玄虚说出这个机会有可能会给予他的敌人，从而让其心中顿生妒忌。于是，他成功了。

从心理学上讲，很少有人愿意被别人灌输一些大道理，而是喜欢从自己的角度去思考。而这种比较的虚荣心是很多人都有的。把握好别人的比较心理，就能够让自己所表达的信息和对方的心理很好地衔接在一起，接受者就会认为谈话者是站在他的角度上去看问题，真心实意地在为他着想。这样一来，两个人之间的交流阻力就会慢慢消失，彼此之间也能够在欢快和谐的气氛之中达成共识，最终也会因为各取所需而皆大欢喜。

巧用“禁果心理”

“禁果心理”，是指禁止反而会激发人们更强烈的探究欲望。在《圣经》中，伊甸园中的夏娃在受到蛇的诱惑之后偷食了禁果，最终受到了上帝的惩罚。禁果非常甜，但是由于上帝不允许偷食，也就形成了很大的诱惑，造成了夏娃强烈的欲望。反之，如果上帝允许她随便吃的话，禁果对夏娃来说，也许就没有什么诱惑力了。

犯罪心理学家深谙“禁果效应”，在和一些知情人打交道的时候，通常会采用这种方式。他们会故意告诉对方：“有很多了解内幕的知情人都不愿意站出来指出犯罪分子，他们都觉得多一事不如少一事，如果你不愿意与我们合作的话，也是在情理之中的事。”大多数情况下，知情者就会告诉犯罪心理学家自己所知道的事情，因为在他们看来，别人不肯做的事，自己偏偏要做，唯有如此，才能显示出自己与其他人的不同来。

在和犯罪嫌疑人打交道的时候，犯罪心理学家也会利用这种方式来从中找到一些线索，诱使对方招供。

佩利的姐夫被谋杀了。犯罪心理学家经过调查分析，将目标锁定在了佩利的身上。他们给佩利打了个电话，告诉他："你姐夫的尸体已经找到，你能不能到警察局来一趟，看一下照片，确认一下死者是不是他？"佩利非常爽快地答应了。

半个小时之后，佩利来到了警察局，看过照片之后确认死者就是他的姐夫。

犯罪心理学家对他说："我们已经掌握了很多线索，也搜集到了犯罪分子在杀害你姐夫时留下的证据。等一会儿我们就会把它们送到鉴定室里去，相信很快就能查到凶手。"

"谢谢你们，希望你们能够尽快破案，将犯罪分子绳之以法，替我姐夫报仇。"

"这个你放心……"心理学家话未说完，他的一位同事就打断了他的讲话，把他叫到了门外。

"这个证据非常重要，上面再三嘱咐，在送到鉴定室之前千万不能拿出来，你怎么忘了？"两人谈话的声音很小，但还是被佩利听到了。

佩利再也坐不下去了，他在屋里来回踱步，脸色苍白，下意识地咬着嘴唇。最后，他决定趁办案人员回来之前，看一下那个装有证据的纸袋子。

就在佩利伸出手的那一刹那，办案人员一个箭步跑了过来，对他说："佩利先生，杀害你姐夫的凶手不是别人，而是你，你还是老实交代吧。"

佩利差点晕过去，他强打精神说道："凭什么就认为我是凶手呢？我只是有些好奇，想看一下杀害我姐夫的证据。"

办案人员冷笑一声："如果这些证据和你没关系你会看吗？如果我们不说刚才那一番话，你会产生如此大的兴趣吗？你仅仅是出于好奇也就罢了，但为什么你的神色却不对劲？你为什么一直都低着头，是不是既想看却又不敢看？如果你不是凶手，怎么会这样？"面对办案人员的不断反问，佩利彻底崩溃了，最终交代了他杀人的犯罪事实。

心理学家认为,一个人的某种欲望被禁止的程度越高,所引起的反抗心理也就越大。在现实生活中,这是一个普遍存在的现象,比如,越是禁止传播的小道消息,传播的速度就越快。

在生活中,我们经常会遇到这样的情况:越是想把某件事或信息隐瞒住不让别人知道,越容易引起他人的更大兴趣和关注,人们对隐瞒的东西充满好奇和窥探的欲望,甚至千方百计、不择手段地通过别的渠道试图获得这些信息。而一旦这些信息被他人知晓,进入了传播领域,就会因为它所具有的神秘色彩被人争相传播,进而达到一传十、十传百的效果,从而与隐瞒该信息的初衷背道而驰。因此,很多人对此非常头疼,认为"禁果心理"有百害而无一利。但是,我们是不是应该反过来想一下:将一些自己本来就想表达的东西包装成一个他人不能涉足的东西呢?如果是这样的话,就能引起广泛的关注,也能够很好地得到传播,而传播的速度之快,对我们的帮助也就越大。

心理学家指出,"禁果效应"存在的心理学依据在于,无法知晓的神秘事物比能接触到的事物对人们有更大的诱惑力,也更能促进和强化人们渴望接近和了解这一事物的诉求。在生活中,利用这种效应的场景可谓比比皆是,比如电视节目中,主持人常说:"欲知后事如何,请听下回分解。"在课堂上,老师经常会说:"这个题目非常难,连我都没有做出来。"等。这种故弄玄虚的方法会给接收者们的心理上造成一片空白,而这种空白则会引起他们极大的兴趣。这种"期待→召唤"的结构就是"禁果效应"存在的心理基础。因此,我们在和人交往的时候,就不妨多用一下"禁果心理",以此来达到自己的目的。

对方松懈时,攻其不备

每一个人都有被满足的虚荣心和优越感。因此,很多人就非常乐意听别人的夸奖与吹捧。即便别人的吹捧有一些夸张,他们也会坦然接受并且得意洋洋。在这个时候,如果对方提出一些要求的话,他也会非常爽快地答应。心理学家告诉我们,面对一个有着抵触心理和防范心理的人,要想让他按照自己的方法去行事的话,不能采用正面强攻的形式,而是要采取捧高的方法。因为,你说的好话越多,对方就越得意,防范意识也就越松懈,最后也会在不知不觉中按照你的要求去行事。

在办案的时候,犯罪心理学家经常会使用这种方法。

卡西被楼上掉下来的木板砸伤了肩膀,伤势很重,痛得连手臂都抬不起来了。于是,他就通知保险公司,要求对方赔上一大笔保险金。但是,保险公司却认为卡西是在诈保,因此拒绝赔偿,同时还向警方报了案。

办案人员保罗详细了解了案情,又通过多种渠道了解了卡西的为人,还仔细观察了一下卡西的伤势,初步判断他的伤势有假。为了进一步掌握确凿的证据,保罗就没有揭穿他,而是非常关心地问:“你的伤势怎么样,严重吗?让我看看你的手臂现在能举多高?”

卡西举起了双臂,举到齐肩高的时候就露出了痛苦不堪的表情,无奈地放下了手。他沮丧地对保罗说:“我是一名体育运动员,身体非常灵活,也拿过很多奖,但是这次手臂算是彻底废了,恐怕以后要离开我心爱的体育事业了。”

保罗对他的遭遇表示了同情,接着又恭维道:“我最佩服体育运动员了,他们都非常厉害。我想,你也一定是一个出色的运动员,在无数的比赛中都表现得非常优秀。只可惜,你现在伤成了这样,恐怕以后再也无法见到你的风采了。”

卡西的脸上露出了得意的笑容,似乎是陶醉在了当年叱咤风云的岁月中。保罗又趁机说:“我听说有很多常人做起来难的动作对于运动员来说只是举手之劳。我非常好奇,你能给我演示一下你在受伤之前能举多高吗?”

卡西得意洋洋地将双手举过了头顶,几乎就在同时,他意识到自己上

当了。

一位心理学家曾经说过:“受到别人的赞美、钦佩和尊重是每一个人内心中最深的企图之一。”在生活中,每个人都十分在乎别人对他的评价和看法,也都渴望从别人的赞美声中获得自信,肯定自己的存在价值。因此,一旦别人对自己进行“吹捧”和夸奖,他们的虚荣心就会得到极大满足,心理上也就会有一些得意,这个时候,他的防范心理和抵抗意识就会松懈下来,也就比较容易按照他人的要求去做事了。

一家房地产公司打算聘请本市最著名的设计师来做大型园林项目的设计顾问,但是这位老设计师性情孤傲,公司派人几次登门拜访都碰了钉子回来。最后,只好让本公司最优秀的公关助理张小姐去老设计师的家里请他出山。

张小姐通过其他人得知,老先生在丹青方面情有独钟,于是就花了半个月的时间苦读了几本中国美术史方面的书籍。张小姐来到老设计家里,老先生对她并没有任何欢迎的意思,只是出于礼节没有下逐客令。张小姐对此并不介意,装作漫不经心地来到老先生的书桌前,欣赏起了他刚刚画完的一幅山水画,一边欣赏一边不住地赞叹说:“老先生的这幅画,气韵生动,清润温雅,平和怡然,真是一副不可多得的作品啊!”一旁的老先生听了,顿时有了一种知音的感觉,脸色也缓和了下来。

张小姐趁热打铁又说:“先生,您这是在学习明代著名画家董其昌的绘画风格吧?”老先生一听,觉得张小姐是绘画方面的内行,态度很快地就转变过来,兴致勃勃地和张小姐谈论起了吴门四才子和松江画派的话题,张小姐认真地听着,并时不时地讲述对明代各绘画流派的看法。两个人的谈兴越来越浓,感情也越来越近,最终,老先生在愉悦的心情下爽快地答应了张小姐,出任房地产公司的设计顾问。

心理学家告诉我们,每一个人的心里面都存在着一些自恋的倾向,也有着想成为成功人士的希望。如果你能对别人进行适当的恭维,很快就能降低他的防范之心。

把握从众心理,让周围的人去影响对方

心理学家认为,对于那些防备心理比较强不太容易被说服的人,最好的办法就是用一致性来说服对方。只要能够找到共同的话题,有了共同的意见倾向,那么,就能够很快地让别人的态度和自己保持一致。

假设联邦调查员向某个知情人了解线索,但却遭到了拒绝。犯罪心理学家就会这样说:“刚才很多知情人都向我提供了有效的信息,您怎么能拒绝和我合作呢?您怎么能拒绝为国家的安全做出自己应有的贡献呢?”这就是典型的用一致性来说服对方。

在现实生活中,恋爱就是一致性最好的例子。一对陌生的男女走在一起,是因为他们的精神上有共同的东西,换句话说就是具有一致性。这个一致性包含着彼此生长的环境、接受的教育、对生活的看法等。如果缺少了这些共同语言,两个人是很难走在一起的。

在办公室里,我们完全可以用一致性来说服别人。这种说服方法可以少一些强制色彩,多一些对对方的尊重,因此就比较容易让人接受。

有一家保险公司的经理,在开会的时候就比较擅长利用人们潜在的一致性心理。在每一次开会的时候,他都会先提出大纲,然后再告诉员工们:“这是我的意见,剩下的内容你们讨论一下,然后咱们再做决定。”讲完之后,他就坐在一边沉默不语,让开会的员工们自己去讨论。员工们讨论完毕,他才又发言说:“结果已经出来了,大家就朝着这个方向去努力吧。”

其实,所有的结果在他讲完时就已经产生了。他这样做的目的,就是为了让员工们有一种主人的感觉,有一种参与决策的成就感,认为所有的事情都是由自己决定的。他知道,员工们归纳出来的结论,都是对他所提出大纲

的一种细节上的完善和补充,无论怎样讨论,都不可能脱离他预先设计的框架。只不过,为了能够让员工们心甘情愿地按照他的意思去做,他才这样说罢了。

应用一致性说服,最重要的一点就是,在一切可能的情况下利用同等群体的力量。比如,你可以利用自己与他人的相似之处与同事建立关系,因为人总会有一个或多个共同的兴趣领域,比如喜欢打篮球、乒乓球,或者喜欢某一部电视剧等,这些都可以作为一致性的前提。这样一来,人们就会对你形成好感,并持续到随后的交往中。

美国的《应用心理学》杂志,曾在一篇研究报告中提到:有一批研究人员挨家挨户为一项慈善运动募捐,并同时向每户人家出示一份该小区已经捐款人的名单。研究人员发现,捐款人的名单越长,后续者捐款的可能性就越大。

某研究中心的一项实验也证明了这一点。这项研究的提案是,如果市民捡到了一个钱包是否会归还失主?

刚开始,研究人员只问:"如果你捡到一个钱包是否会归还失主?"很多人回答:"在某些情况下,可能会不归还。"然而,当他们的提问变成:"在本市,另一位市民捡到了钱包,他在第一时间就找到了失主,并归还了钱包。如果捡到钱包的人是你,你会归还钱包吗?"这时,很多人的回答都是:"是,我也会马上归还的。"

人都会有一个从众心理,这是一种比较普遍的社会心理和行为现象,通俗地解释就是"人云亦云""随大流"。大家都这么认为,我也就这么认为;大家都这么做,我也就跟着这么做。

一般情况下,群体成员的行为,通常具有跟从群体的倾向。当一个人发现自己的行为和意见与群体不一致或与群体中大多数人有分歧的时候,就会感到一种压力,为了摆脱压力,他就会让自己的意见和群体保持一致。

从众心理就是一致性心理的一种选择方式,这是因为,一个人在不知道

自己如何选择的时候往往会倾向于别人的思想，因为他们会认为大多数人的选择是没有错的，因此，自己就会根据众人的选择而选择。

因此，我们在说服的过程中，如果能用双方立场的一致性为跳板，因势利导地解开对方思想的心结，那么距离成功就不会太远了。

通过生活习惯分析对方个性特点

每一个人都有自己独特的生活习惯。这个习惯包括兴趣爱好、生活方式、思维习惯等方面的内容。形式各异的习惯成为了形形色色的人的名片。心理学家告诉我们，这些不同的习惯也是不同人的软肋，如果能够发挥自己的聪明才智，巧妙地利用好他人的生活习惯，就能够攻克对方的心理防线，让其完全丧失抵抗意识，最后心甘情愿地任由你来“摆布”。

犯罪心理学家在审讯犯罪嫌疑人的时候，通常都会细心观察对方，看看他有什么与众不同的爱好与习惯，然后再对症下药，找准切入点发动攻击，从而取得了非常良好的效果。

在第二次世界大战期间，犯罪心理学家抓获了一名间谍。他采用了种种方法来审讯他，但那名间谍非常狡猾，虽然有问必答，但回答的都是一些毫无意义的话题，因此，心理学家没有获得任何有用的信息。无奈之下，只好选择其他的办法。

经过一段时间的观察，犯罪心理学家发现这名间谍有一个特别的爱好：每次审讯完之后，他都满头大汗，随后就哆嗦着双手从口袋里拿出香烟来抽。一阵猛吸之后，他整个人就处在了云雾缭绕之中，面部表情也逐渐松弛下来，抽完烟，他就恢复到了以前的样子。

犯罪心理学家了解到这一点之后，就决定以此作为突破点来采取行动。在以后的审讯之中，心理学家采取了行动：每天进行例行审问，让他吃饭睡觉，但却不再给他提供香烟。

间谍非常不适应没有香烟的日子。在刚开始的时候，他还能咬牙坚持，但仅仅在两天之后，他的意志力就全线崩溃，整个人都陷入了没有烟抽的焦虑与痛苦之中。他哀求审讯人员给他一根烟抽，但犯罪心理学家不为所动，与此同时，发起了猛烈的攻击。这时候，神智已经陷入混乱的间谍已经毫无招架之力了，只好全盘交代出敌国的军事计划。

每一个人都有自己的生活习惯，这对于自己来说，是很难改变的东西，而对别人来讲，则是很容易就拿来利用的工具。在上述故事当中，犯罪心理学家就很好地利用了间谍喜欢抽烟并在抽烟中恢复自信的这一习惯为突破口来攻击对方心理防线的。

习惯是一根既柔软而又能致命的缰绳，当一个人拥有它的时候，可能感觉不到什么，但一旦被外力所打断，就会感觉到非常不适应，甚至还会有痛苦不堪、生不如死的感觉。比如，一个喜欢读书的人，平时的性格都非常温和，做事情也比较理智，但是一旦让他连续几个星期不看书，那么他就会变得非常痛苦，情绪上也会出现非常大的波动；一个喜欢晨练的人，如果把他困在家里，他就会心急如焚，为了恢复晨练，就可能会答应别人提出的任何条件。

别人的生活习惯是我们用来影响、操控他的武器。当然，利用别人的习惯并不仅仅依靠"打断法"，还可以利用"顺应法"。"顺应法"的应用条件是当一个人的生活习惯被打断时，我们及时地出现，为他创造一个恢复习惯的外部条件。这样一来，对方就会对为其提供帮助的一方感恩不尽，也会愿意为给他提供帮助的人做一些事情。

在现实生活中，利用"顺应法"来达到目的的故事并不少见，下面的故事就充分证明了这一点。

一位年轻人喜欢上了一位漂亮的姑娘，但是这位姑娘有很多追求者，无论是从相貌还是从能力上来说，这位年轻人并不占优势。因此，很多人对他根本就不看好，纷纷嘲笑他是一厢情愿、白日做梦。但最后的结果却让所有人都感到不可思议：年轻人不仅追到了漂亮姑娘，还让她对自己百依百顺。

原来，这位姑娘从小就没有了母亲，由父亲一手带大，因此就有了很重的“恋父情结”，也习惯了被父亲照顾的生活。上大学之后，父亲不在身边，因此她就感到非常不适应。年轻人知道这一点之后，就抛弃了送鲜花写情书的追求法，而是扮演起了父亲的角色：帮姑娘打水、提醒她及时吃早餐、叮嘱他回宿舍要小心……姑娘又重新找到了被照顾的感觉，最后就渐渐地依赖上了这个年轻的小伙子。

心理学家的一名探员曾经说过这样一句话：不怕对方心理素质强，只怕对方无习惯。言外之意就是说，一个人的生活习惯是对其制约性最大的东西，只要我们能够将对方的习惯为我所用，那么，无论面对什么样的人、做什么样的事，都能攻无不克、水到渠成。

如何进入对方私密的个人空间

所谓“个人空间”，就像是围绕在人体的周围并拒绝别人进入的空间。从本质上说，这是一种“自我的延长”，其重要性不亚于一个独立国家的领土。心理学家告诉我们，每个人都会有强烈的个人空间感，而这种对个人空间的强烈重视，则是所有人的软肋。

犯罪心理学家在多次审讯案件的时候发现，有很多犯罪嫌疑人都具有这样一个特点：你离他越近，他就会越紧张，当你几乎贴着脸对他进行审讯的时候，他就会浑身不自在，满脸冒汗，在这种情况下，他们的思维就会出现混乱，原本已经编织好的谎言就会破绽百出，强硬的态度也会瞬间崩溃。后来，犯罪心理学家对这一现象进行了分析，他们认为，犯罪嫌疑人之所以会产生这种现象是因为犯罪心理学家进入了他的私人地带，压缩了他的独立空间，给他造成了很大的心理压力，在这种无路可退的情况下，犯罪嫌疑人只能坦白交代自己的犯罪事实，根本就没有了讨价还价的余地。从这些现象中，犯罪心理学家了解到，在和别人交谈的时候，完全可以通过进入对方空间的形式来巧妙地对其实施控制。

在正常的与人交往中，我们不赞成闯入对方的私人空间，因为那是非常不礼貌的行为。但是，在和一些对手进行谈话的时候，就不必有这种顾虑。这是因为，近乎零距离的接触，尽最大限度地压缩对方的空间，就等于宣告了自己处于强势地位，表明自己掌握了谈话的主动权，会对交谈对象的心理起到非常大的震慑作用。如此一来，对方就会因为难以承受如此大的心理压力而不得不收起强硬的心态，转而配合你的工作，说出你想听的话或者是按照你的要求去行事。

心理学家指出，个人空间不是固定的，也不是唯一的，而是有着很多种表现形式。经过长期的观察和思考，他们总结出了个人空间的五大地带。这五大地带分别是指：亲密地带、熟悉地带、私人地带、社交地带、公共地带。下面就来简单介绍一下这五种个人空间，来为我们在利用压缩他人空间这种方法时提供参考。

1.亲密地带(0~15 厘米)

一般情况下，这个地带属于最敏感的空间。一个人只会期待自己的爱人、亲人或者是挚友到达这么近的距离，因为他随后可能会触摸或者是拥抱他们。但是，如果是陌生人到达这么近的距离，他就会感到压抑和窒息，在这种心态之下，他们也比较容易屈服于对方。

2.熟悉地带(15~45 厘米)

对于一个人来说，舒服感和安全感是非常重要的。要想让舒服感和安全感得到保障，他就会非常重视熟悉地带。为了让他不舒服，我们就可以故意侵入这个地带，来压迫他、征服他。

3.私人地带(45 厘米~1.2 米)

在一些交际活动或者是聚会上,大多数人在和别人聊天的时候,都喜欢保持 45 厘米到 1.2 米的距离。如果距离稍微靠近一点,就会让人感觉有些别扭。如果我们想要和一些陌生人做朋友的话,在和他们聊天的时候,就要保持保持 45 厘米到 1.2 米的距离。但是,如果想让一个人服从你的话,就要大胆地进入私人地带去。

4.社交地带(1.2 米~3.6 米)

与别人保持 1.2 米到 3.6 米的距离常用于非正式的社交当中。比如,在商店里或者是大街上,当顾客和店员们在说话的时候,我们就可以看到社交地带在发挥作用了。如果你是一名超市里的销售人员,想让顾客接受你的价格,就要大胆地闯入这个地带中去。

5.公共地带(3.6 米以上)

公共地带,顾名思义,就是指一个人面对大众时的个人空间。比如,一个人面对着一大群听众演讲,他与第一排的人可能至少要间隔这么远的距离。如果一些听众越过了 3.6 米的分界线,也会在无形之中给演讲者带来思想上的压力和情绪上的波动。如果你对某个人的讲演不感兴趣,想要反驳他的话,就要站在 3.6 米之内来和他对话,这样胜利的几率就比较大。

第7章

心理掌控技巧:契合人心的行事策略

心理学家说,和心怀敌意的人进行沟通就是在打一场心理博弈战。在这场战争中,我们既需要有志在必得的信心,还需要有持之以恒的耐心,更需要有行之有效的“战术”。选择契合人心的行事策略,可以事半功倍。那么,契合人心的行事策略究竟包括哪些内容呢?在这一章中,心理学家为我们进行了深入的解读和全面的分析,同时还提供了一些常用的方法。

如何掌握对方的情绪心理

心理学家告诉我们:“每个人的内心深处都会有一些比较敏感的地方,而这些敏感的地方则会成为他们情绪的爆发点。你需要做的是找出并利用这些敏感地带,进而控制对方的情绪,最终来获得交谈的主动权。”

犯罪心理学家在审讯犯罪嫌疑人的时候,经常会利用这种方式来取胜。

2006 年 9 月 12 日,芝加哥发生一起枪杀案,60 岁的富翁韦斯特被人杀害于自家的游泳池中。接到报案之后,犯罪心理学家卡尔斯带人迅速赶到案发现场。经过分析,卡尔斯推断出,这起杀人案不是为了钱财,而是仇杀。从一枪毙命上来看,凶手应该是一名非常善于使用枪支的人。他还了解到,韦斯特的女婿德罗卡上校在案发前曾经来过。于是,卡尔斯就传讯了德罗卡。

德罗卡上校根本不承认枪杀了自己的岳父,他愤怒地斥责卡尔斯的怀疑是无稽之谈,还扬言要把卡尔斯告上法庭。

卡尔斯并没有生气,而是慢悠悠地说:“上校先生,请您别激动。我们怀疑你并不是毫无来由的。你要相信,杀人之后,你肯定逃脱不了法律的惩罚,如果你能坦白交代,还可以减轻惩罚,否则的话,谁也帮不了你。”

德罗卡冷笑道:“你不用吓唬我。我是一个清白的美利坚合众国公民。我有着不错的收入和一个温暖的家庭,根本不可能去杀人,更何况这个人还是我的岳父。”

“但是我们掌握的信息却是你和你岳父的情人爱丽丝关系非同寻常,因此怀疑你是为情杀人。我们了解到,你和你的妻子感情并不好,你对你的岳父积怨很深,最终才枪杀了他,是这样吗?”

“你们这是在诬陷!”德罗卡突然咆哮了起来。卡尔斯从他慌乱的眼神

中了解到德罗卡心理发生了明显的变化，他的心理防线开始一点儿一点儿地崩溃。

卡尔斯继续说道："你早就对你的妻子产生了厌恶心理，也和你岳父的情人关系非常暧昧。再者，你和他还有财产纠纷。因此，你就起了杀人之心，是这样吗？我们还了解到，你为了避开军人的身份，就在案发前的一个月从商店里买了一把民用手枪。店主从来没有见过一个军人会买民用手枪，就对你的印象非常深刻。你觉得你还有狡辩的必要吗？"

德罗卡低下了高傲的头，坦白了自己的犯罪事实。

在这个故事中，犯罪心理学家卡尔斯并没有掌握德罗卡杀人的证据，只能进行理论分析，不断地去试探德罗卡的敏感区。最后，他终于成功地发现了德罗卡情绪上的变化，然后就紧紧抓住这一点，进行穷追猛打，最终成功地控制了对方的情绪，击溃了对方的心理防线，让真相大白。

在现实生活中，我们难免要遇到一些狡辩抵赖、伪装自己的人。在和他们打交道的时候，采用推心置腹、将心比心的方法并不能取得好的结果，在这种情况下，我们就应该想方设法找到他的"心理敏感区"，控制他的情绪，取得心理博弈的主动权，进而获得最终的胜利。

心理学家告诉我们，要想成功控制对方的情绪，就要从以下两点做起。

1.故意提一些意想不到的话题，以此来激怒对方

犯罪心理学家告诉我们，犯罪嫌疑人在审讯之前，就对审讯中出现的种种场景在脑海里做了一遍排练，如果你向其提问一些常规性的问题，就会被其轻轻地挡回去。在这个时候就要多提问一些令其想不到的问题，使其措手不及，最终取得交锋的胜利。在现实生活中，我们也应该如此，尽量剑走偏锋，出其不意，攻其不备，有效地激怒对方，让其情绪失控，从而更好地去控制他。

2.留心观察对方的表情变化，了解他的心虚之处

心理学家一再强调，一个人可能会编织出种种谎言，但是他的表情却骗不

了人。在很多时候,盛气凌人的表情都是欲盖弥彰的表现。如果仔细观察一下他的表情,盯着他看上一段时间,对方必然会心虚,也会自乱阵脚。如果你不观察对方的表情变化,只是从声音上去判断的话,很可能就会被其迷惑,更会让自己处于交锋中的下风,哪怕你真地碰到了他的痛处,也是于事无补。

换个角度吸引对方

“鸟笼效应”是心理学家在和别人打交道时经常使用的一种方法。因为这种方法可以巧妙地让一些顽固不化的人在不知不觉之中走入你事先设计好的圈套之中,即便他最后识破了你的计策,也会毫无选择地按照你的要求去行事。

什么是“鸟笼效应”呢?这是由近代心理学家詹姆斯发现的一种心理效应。

1907 年,詹姆斯从哈佛大学退休,与他同时间退休的还有物理学家卡尔森。有一天,两个人打赌。詹姆斯说:“我一定会让你不久就养上一只鸟的。”卡尔森却不以为然:“我从来就没有养过鸟,你怎么可能让我在短时间内改变这个习惯呢?”

过了几天,正好是卡尔森的生日,詹姆斯送给他一只精致的鸟笼当生日礼物。卡尔森感到非常好笑:“你送给我鸟笼我也不会养鸟,对我来说,这只不过是一个漂亮的工艺品罢了。”

卡尔森把鸟笼放在了桌上。从此之后,只要是客人来访,看到鸟笼之后,他们几乎都无一例外地问卡尔森:“教授,你养的鸟什么时候死了?”卡尔森只好一次次地向他们解释:“我从来就没有养过鸟。”只可惜,客人们并不相信他的回答,就对他报之以不信任的眼光。

最后,卡尔森实在是厌倦了无休止地向别人解释,就花重金买了一只好鸟，放进了笼子里。詹姆斯的“鸟笼效应”终于见效了。

为什么“鸟笼效应”能够有如此大的威力呢？因为它本质上是一种形式与内容之间的关系问题。换句话说就是先设定形式之后，人们就会自常规思维的基础之上去填充相应的内容。这种效应至少包含以下两个心理方向。

第一是惯常心理，也就是思维定势。这是指人们根据平日生活积累的经验所形成的思维规律之后的一种条件反射式的反应。换句话说就是人们见到某种情形之后，就会在下意识之中形成与该情景有关的主观判断。比如，人们的意识中一致认为鸟笼是养鸟用的，里面必须要有鸟的存在，并不会认为它是一个工艺品，因此，看到空荡荡的鸟笼之后就会产生疑问。

第二就是从众心理。也就是说，一个人的行事方式和处世态度并不能完全由自己来决定。如果做出了有异于绝大多数人思维的事，就会遭到众人的疑问和舆论的谴责，同时也就有了很大的心理压力。极具个性的卡尔森教授，最终也不能坚持自己的选择，不得不屈服于这种心理压力，乖乖地买一只鸟放进笼子里。

心理学家告诉我们，“鸟笼效应”是一种思维逻辑，它能够有效地限定人们的想象空间，把人牢牢地控制在一个固定的思维模式当中。正确使用“鸟笼效应”，能够起到意想不到的效果。

在现实生活中，有为数不少的人也非常善于利用“鸟笼效应”来控制别人，达到自己的目的。

翟琳是一家家具公司的销售员。有一次，他到王烁家里去推销家具，却遭到了婉拒。翟琳没有勉强他，反而还决定送给他一个价格昂贵造型雅致的书桌。有便宜不占白不占，王烁毫不客气地收下了。

几天之后，王烁发现书屋那破旧的木藤椅与书桌比起来显得太不般配，就决定买一个好的皮质的转椅，于是就花了400元买了一个合适的转椅，心里觉得惬意了许多。

不久，有人来他家里做客，王烁向他展示自己的新书房。朋友夸奖了书桌和转椅，最后又说道："美中不足的是你的书橱显得太陈旧了，如果再换一个就更好了"。王烁感觉他说的很对，于是，就花了1000元买了一个新书橱。

过了一段时间，又有一些朋友来到了王烁家里，同样被请进了书房。他们都交口称赞，但在称赞之后，都会提出一些建议，比如，"你的书房什么都好，就是沙发有些陈旧，如果换一套沙发就好多了"等类似的话。王烁觉得他们说的在理，于是就又重新换了一套沙发。有人说"书房什么都好，就是光线有些暗了，如果能换个大点的落地窗就好多了"，王烁最终照办。于是，翟琳就接到了他一个又一个订单……

为了一个书房，把王烁折腾得不轻，而这一切的一切都是缘于那张书桌，而这个书桌却是翟琳白送的。

从这个故事中，我们可以看出，如果能够巧妙运用"鸟笼效应"，就能产生一个又一个奇迹。

心理学家告诉我们，想要正确运用"鸟笼效应"，除了要多动用一些心思之外，还要"大度"一些，换言之，就是要学会给予对方一些东西，以此为钓饵，来诱惑对方上钩。如果你不愿意付出的话，事情就不可能取得任何进展，最终必将难逃失败的结局。

让对方成为你的"人质"

犯罪分子当中有很多靠劫持人质来达到犯罪目的的劫匪。在很多时候，他们都能够取得"成功"，这是因为，人质在自己手上，无论是人质的家人还是警方在做出决定之前，都会慎重考虑人质的安全。因此，他们也就会答应劫匪提出的苛刻条件。

犯罪心理学家在和这些犯罪分子进行较量的时候，也从他们的犯罪手段中学习经验，得出了一个“人质策略”的心理博弈术。当然，犯罪心理学家的“人质策略”和劫匪们的绑架是不一样的，他们采用的方法不是劫匪的强硬劫持，而是独具特色的“软性套牢”，换句话说就是利用人们的感恩心来做文章，为知情人或者是犯罪嫌疑人提供一些恩惠或者是帮助，以此来感化对方，在无形之中将对方“套牢”，让其不好意思拒绝犯罪心理学家的求助要求，心甘情愿地为犯罪心理学家提供帮助。

那么，究竟怎样利用“人质策略”，在无形之中将对方套牢呢？犯罪心理学家为我们提供了如下几点方法。

1.对对方表示赞扬与祝贺

犯罪心理学家认为，在很多情况下，知情人都有主动提供线索的愿望，但是，考虑到个人的人身安全问题，他们就会有一些担忧和紧张。因此，帮助他们消除紧张感就成为了犯罪心理学家的首要任务。如果犯罪心理学家能够消除知情者的担忧和紧张，一切问题也就迎刃而解了。

当知情人表示愿意透露消息、提供线索的时候，犯罪心理学家就会不失时机地向其表示赞扬。这样一来，知情人就会在无形之中被送上了一个“境界高”的高度。此刻，他根本就无法再拒绝犯罪心理学家的要求，否则的话，会让自己难堪。因此，为了维护自尊心，他们就会主动告诉犯罪心理学家自己见到了什么，了解哪些线索。

当然，在知情人提供了必要的线索之后，犯罪心理学家未必就是转身走人，对其不理不睬。因为那样的话，会让对方有一种上当受骗的感觉，也会让其对犯罪心理学家充满怨言，认为他们是过河拆桥之徒。为了避免出现这种情况，犯罪心理学家在记录了线索和信息之后，就会伸出热情的双手，继续向知情人表示赞扬，说一些诸如：“史密斯先生，祝贺你，你做出了明智的选择，不仅其他知情者会羡慕你，就连我们也非常佩服您的勇气与境界”之类的话。

2.给对方送上一份小礼物

当犯罪心理学家调查取证完毕之后，为了表示对提供线索者的感谢，通常都会适时地送给对方一份小礼物。犯罪心理学家认为，礼物的价格并不重要，重要的是它所表达的意思。一份小小的礼物是对支持配合他们工作的知情人的感谢，体现了犯罪心理学家的知恩图报，也告诉了线索提供者"我们不会忘记您做出的贡献"的信息。如此一来，知情人就会对犯罪心理学家产生更进一步的好感，日后如果犯罪心理学家需要他们再次提供帮助的话，就会主动站出来，全心全意与其进行合作。

犯罪心理学家送给别人的礼物并不是一成不变的，有时候他们会送给信息提供者一盒巧克力，有时候也会送上一束花或者是一个精致的卡片等。在犯罪心理学家看来，对方接受了礼物就等于其对犯罪心理学家有了一份不可推卸的责任。尤其是当知情人产生反悔之意的时候，礼物的作用就会表现出来了。由此可见，花一些钱和心思来选择一份礼物还是非常有价值的。

3.对对方进行语言感谢

犯罪心理学家认为向提供情报的人说一声谢谢并不会花费什么，但其含义却是非常深刻的。一声"谢谢"能够给对方留下深刻的印象，使他们认为自己的付出是值得的，是有回报的。

在现实生活中，如果我们和某个人达成了协议，或者是别人为自己提供了帮助，我们也应该和犯罪心理学家一样，向其表示感谢。比如，一个销售员在和客户签订了合同之后，决不能转身走人，而是要说一番客气话，表示一下感谢，比如："我想对你说声谢谢，我想告诉你，我对你的举动非常感谢。如果你还需要我做什么，你可以随时给我打电话。"

要想"扬"就要先学"抑"

我们在看刑侦电影的时候，经常会看到警察对犯罪分子说出这样一句话:“你有权保持沉默,你所说的一切都能够用来在法庭上作为控告你的证据。你有权请一个律师,如果你付不起律师费的话,我们会免费指派一名律师给你。清楚了吗?”这句话就是闻名世界的“米兰达警告”。

警察在审讯犯罪嫌疑人的时候,非常希望得到对方的配合,也盼望着对方说出实情。但是,为了尊重对方的权利,他们也允许犯罪嫌疑人采取沉默的态度。心理学家经过研究发现,当你尊重一个人的权利允许他沉默的时候,他反而说得更多。这是因为,如果你一再要求他说话的话,就会显得非常被动,也会让对方的心理上非常得意,最终就很难产生良好的效果;反之,你直接告诉他可以沉默,并为他创造沉默的机会,就等于是把他放在了被动的位置上,整个谈话场面都是由你来主导。如此一来,对方就会产生逆反心理,你不让他说,他反而偏要说。最后,他就会告诉你他所了解到的内容或者是事情的真相。

1974年,一名饭店的女服务员在下班回家的路上被一名陌生人强奸。这名女服务员打电话报警。警察经过调查,将目标锁定在了一个名叫达西的年轻人身上。

警察传唤了达西。达西来到审讯室,情绪非常激动,挥舞着拳头,大吵大嚷。陪审的犯罪心理学家静静地看着他,等他情绪稍微平静下来之后,就向其宣读了米兰达警告:“你有权保持沉默,你所说的一切都能够用来在法庭上作为控告你的证据。你有权请一个律师,如果你付不起律师费的话,我们会免费指派一名律师给你。清楚了吗?”

达西听罢,就选择了沉默,但是,态度显得非常强硬。

犯罪心理学家接着说:“在审讯开始之前,你已经明白了我刚才所说的那句话的意思以及咱们约谈的原则。在这里我重申一下,传唤你来并不是确认你就是强奸那个女孩的人,我也不会强迫你承认自己做了强奸的事。如果你愿意的话,可以告诉我实情;如果你不愿意配合,可以选择沉默,因为这是一个美利坚合众国公民应该享有的权利。当然,你也可以选择拒不合

作，遇到了不想回答的问题可以直言相告，我们绝不强求。但是，需要提醒你的是，无论你选择哪一种方式，都要考虑好再说。因为，你所说的每一句话都会被记录下来，最终很可能会变成对你不利的证据。”

达西的脸色舒缓了很多。

犯罪心理学家接着说：“现在我要确认一下，您是否已经听明白了我刚才说的所有内容。如果你听懂了，也愿意选择沉默的方式，那就请你帮忙把这个表填一下。”说完，他就将一份书面写有“米兰达警告”的缄默表递给达西。

这时候，整个审讯室里都陷入了沉默，除了墙上的钟表声之外，再也没有其他的动静。犯罪心理学家静静地盯着墙壁看，而达西却浑身冒汗，越来越坐立难安。过了一会儿，他告诉犯罪心理学家：“我愿意和你们配合。”

犯罪心理学家指出，在很多案子中往往是警方愿意给对方提供沉默的权利而对方却主动放弃。越是不让他们说话，他们就越不安，为了减轻心理压力，他们就会主动交代、老实坦白。因此，在必要的时候，完全可以用这种方式来突破语言障碍，让对方主动与你进行沟通。

其实，在现实生活中我们也完全可以运用这种方式来和别人进行沟通。比如，当你和一个意见相左的人进行沟通的时候，对方会因为分歧太大而不想和你多说话。在这个时候，你完全可以把这场沟通当成独角戏，由自己来讲述个人的观点。当对方听了你的观点之后，难免就会有些想法，就会觉得如鲠在喉，不吐不快。于是，不用你请求，他就会开口说话，告诉你他是怎么想的了。

在交流时，强迫对方说话，就容易激起对方的反抗之心，反而会使他把嘴巴闭得更紧。这就好比是河蚌，你越是急着打开它，它就会闭得更紧。可是如果你暂时不去理它，那么过一会它便慢慢地打开了。故而，在一定的情况下，我们应该和心理学家一样，以让对方沉默的方式来诱导其开口说话。

先发制人，让对方步步跟进

“得寸进尺”是一个贬义词，人们通常会将这个词和欲壑难平、恬不知耻、贪得无厌等词语联系在一起。如果一个人喜欢得寸进尺的话，十有八九不会得到别人的欢迎。不过，“得寸进尺”并不是一无是处，尤其是在与人进行心理博弈的时候，这种方式往往能够起到非常完美的效果。

犯罪心理学家在和犯罪嫌疑人以及知情者打交道的时候，经常会运用这种方法。因为在他们看来，选择一个无关主题的话题作为切入点，慢慢渗透，层层递进，逐步进入到主题中去，就能让对方在不知不觉之中步入到他们设置的陷阱中。到了最后，或许他们会恍然大悟，但毕竟是鞭长莫及，悔之晚矣。

警方接到报案，华盛顿州立大学的大学生约翰杀害了他的同学，刑侦组派犯罪心理学家杰恩去调查。杰恩决定先调查一下约翰的姐姐露西，希望能从她那里得到一些线索。

杰恩敲开露西的家门，说道：“您好，您的弟弟和一起命案有关，希望……”

露西打断了杰恩的话：“警察先生，对于您无中生有污蔑我弟弟的行为，我感到非常愤怒。我的弟弟从小就是一个善良的孩子，他从来不会做伤天害理的事。”

杰恩见露西不肯合作，就马上改变了说话的方式。只听他非常亲切地对露西说：“对不起，您可能是误会了。我和你的弟弟是中学同学，我根本不相信他会杀人。这次找你来的目的是想收集一些对你弟弟有利的证据来帮他洗刷冤屈。难道您不希望我这样做吗？”

听到这，露西的脸色就缓和了下来，向杰恩发出邀请：“既然是这样，那就进屋再说吧。”

杰恩坐下之后，对露西说："我听说约翰在学校里人缘不错，喜欢帮助别人，同学们都很喜欢他是吗？"

露西一脸自豪地说："那当然了，我的弟弟在学校里可是人见人夸的好学生，他的老师和同学都非常喜欢他。"接着又说："要说我的弟弟杀了人，我是无论如何都不会相信。他周末的时候经常在家，连房门都懒得出，怎么可能会杀人呢？"

杰恩不动声色地说："您有他房间的钥匙吗？我想去他的房间看看。"

露西面露难色地说："这个……约翰是个有些孤僻的孩子，他很少会让别人进他的房间，就连我去打扫卫生他都不让。"

杰恩说："但也只有这样，我们才能够搜集到对你弟弟有利的信息，才能说服他人证明你弟弟的清白啊。"

露西认为言之有理，就犹豫着答应了："既然是这样，我把他的房门打开就是了。不过你进去的时候要小心一些，别让他发现有外人进来过。"

露西带着杰恩走进了约翰的房间，结果杰恩从房间里发现了约翰很多的犯罪证据。

杰恩之所以能够把露西哄得团团转，对他言听计从，主要原因就是他采用了"得寸进尺"的谈话方法，取得了心理博弈中的优势——从一个微不足道的请求中打开露西的心门，然后又逐步提高了对她的要求，最后，终于找到了他们想要的证据。

心理学家告诉我们，一个人一旦接受了他人较小的要求之后，也能够接受其提出的另一个更高一点儿的要求。对别人提出较高的请求之前先从一些小事入手，就能有效地达到预期的目的，这就是心理学中的"登门槛效应"。

心理学家强调，人的每一个意志行动都有行动的最初目标，在很多情况下，人们会进行不同目标的比较、权衡和选择，如果别人提出的要求太高，就会下意识地拒绝，若提出的要求非常简单，对方就会不假思索地答应。一旦一个人答应了他人的初步要求之后,也会逐渐答应后来的要求,这是因为人们总愿意把自己调整成前后一贯、首尾一致的形象,即使别人的要求有些过分,但为了维护印象的一贯性,也会继续下去。这种心理,正是“得寸进尺”效应存在的原理与基础。

当然,在利用“得寸进尺”效应的时候,我们还应该注意一定的原则和分寸。心理学家为我们提供了如下几点建议。

1.要有耐心

想让对方逐步落入你设计好的圈套之中,你就应该在设计和实施该圈套的时候拥有足够的耐心,绝不能为了节约时间或者是急于得到结果而忽视掉一些必须存在的中间环节;否则,越急越乱,最终非但没有控制利用好别人,反而还把自己赔了进去。

2.找准切入点,掌握分寸

要想让“得寸进尺”发挥作用,首先应该找准“寸”的位置,换句话说就是选择好切入点,掌握好必要的分寸。在向别人提出请求的时候,要想一下那些表面与主题无关而实际上却是不可或缺的东西,然后再以此为切入点,逐步向对方展开进攻。另外,在进攻的时候,要掌握好分寸,过程既不能太慢,又不能太快。

让对方紧张,掌握交际主动权

心理学上有一个著名的“瓦伦达效应”。“瓦伦达效应”来源于一个故事:瓦伦达是美国一名高空走钢索的表演者,在一次表演中失足身亡。他的妻子事后说:“我知道这次一定要出事。因为他在上场之前非常紧张,一再告诉我这次太重要了,决不能失败。在以前演出的时候,他想的总是走钢丝这件事本身,而没有考虑过失败会带来什么。”后来,人们把高度紧张、患得患失而带来的后果称做“瓦伦达效应”。

在现实生活中，我们谁都不希望在自己身上发生“瓦伦达效应”，但是心理学家却告诉我们，可以通过一种巧妙的方式将这种效应嫁接到别人的头上，想方设法让对方紧张起来，使自己坐收渔翁之利。犯罪心理学家在和犯罪分子打交道的时候，经常会使用这种方法。

9·11事件之后，警方就将关注点放在了袭击者如何进入美国又是如何发动攻击的问题上来。经过不懈的努力，终于发现了线索，逮捕了一名叫萨利的犯罪嫌疑人。

犯罪心理学家提审萨利时，第一句话就是：“你的劫机同伙还有一个人活着，你知道吗？他已经和总部取得了联系，报告了你的临阵脱逃，准备追杀你。”

萨利没有吭声，但是他额头上却渗出了一层细汗。他的眼睛直直地盯着对方看，好像要从中了解到是真话还是假话。犯罪心理学家观察到了他的表情变化，却故意不理他，而是拿起一本卷宗向他扬了扬，告诉他上面记载着萨利同伙的消息。证据确凿之下，萨利再也无法掩饰内心的恐惧，他陷入了两难之中：坦白交代，会有牢狱之灾；如果拒不交代，出去之后就会被同伙追杀。最后，两害相权取其轻，为了保命，他乖乖地交代了劫机的犯罪事实。

在这次审讯过程中，犯罪心理学家用伪造的事实对萨利的心理薄弱环节进行有效攻击，使他情绪紧张并产生了恐惧心理，从而让其完全丧失了抵抗意识，不得不交代了自己的犯罪事实。

利用对手的紧张心理，能够让其失去对事物正常的判断能力，可以让自己完全掌握交谈的主动权，顺利地从对方的口中获得真实情况。这是犯罪心理学家经常运用的心理博弈技巧。这种技巧的运用绝不局限于犯罪心理学家与犯罪分子打交道的时候，也适用于我们日常的谈判之中。在很多商务谈判中，不少公司都会以这种方法来刺激对方、要挟对方，进而取得谈判

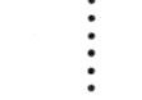

的胜利。

在一次商品交易会上,X 公司正在和 Y 洽谈产品的出口业务。X 公司的谈判代表是一位非常沉稳而又老练的谈判高手。他在谈判之前就了解到自己的竞争者因为发生变故而停产,而 Y 公司又非常需要这种产品。因此,他决定提高一下价格。

在谈判的过程中,Y 公司想方设法来压低价格,但是 X 方代表不为所动,并且还非常明确地告诉对方:“现在我们公司的货源并不是很多,再者,除了贵公司之外,有很多家企业都准备和我们进行合作,购买我们的产品……”

接着,他又装作非常关切的样子对 Y 方代表说:“听说贵国同类的企业中最近发生了一些变故,非常缺乏我们需要的这种商品,按说我们应该抬高价格才对,但是考虑到我们多年的合作关系,才定了这么低的价格,如果您还不满意的话,我们也没有办法了。”

Y 方代表大惊失色,虽然他们还想强作镇定,让 X 公司再降低一下价格,但是看到 X 方代表的强硬面孔之后,就非常担心生意谈不成会给自己带来很大的经济损失,于是,不再讨价还价,老老实实地听从 X 公司的安排。

在现实生活中,我们应该怎样做才能有效地煽动对方的恐惧心理,让他出现紧张情绪呢?心理学家为我们提供了如下几种方法。

1.态度表现得强硬一些

心理学家认为,只有理直气壮的人才能表现出强硬的一面来。态度强硬了就能够对对方的心理起到有效的震慑作用,对方就会认为你掌握了他许多的秘密,抓住了他许多的“把柄”,有许多可以置他于死地的证据。如此一来,他就会心慌意乱,非常恐惧,也就没有了和你讨价还价的底气。

2.不让对方知道自己的底细

在和别人谈判的时候,要做好保密工作,不能让对方了解到自己的丝毫底细;否则,无论你表现得多么强势,都不能对对方产生震慑作用。因为在他看来,你这样做是虚张声势、色厉内荏。

3.探听对方的底细

你对对方的底细知道得越多，就越能占据谈判的主动地位。如果能够将其底细一一摸清，知道他恐惧什么，那么，接下来让他紧张就显得非常轻松了。

用强大气场压制对方

气势是指人表现出来的力量、威势。强大的气势，能够产生震慑别人的作用。反之，与人交往时表现得非常软弱，说话底气不足，那么就会让沟通对象瞧不起自己，他们非但不会向你吐露实情，反而还有可能会编织一些谎言来欺骗你和嘲笑你。因此，在和别人沟通的时候，我们就是要提高自己的气势，用气势压倒对方，让其不敢对你说谎。

或许对于有些人来说，软弱惯了，想提升自己的气势又不知从何做起。那么，我们就不妨按照心理学家提供的建议去进行锻炼和培养。

1.抬头挺胸

一个人的气势并不仅仅体现在精神方面，也往往会依靠某一肢体的动作或是姿势来展现，更靠一个人全部肢体协调起来发挥一个整体的效果。例如，一个人做了一个尖塔式手势，却双目无神，含胸驼背，低着头，那么即使他的手势想要表达自信也依旧难以给人一种自信的感觉。

军人在训练军姿的时候，都被要求抬头、挺胸、收腹。虽然这样站着远比随意站着感觉上要累许多，但当你抬起头、挺起胸之后，立刻就能感觉到气势的提升，就好似原本的一口气从胸腹之间骤然提到了头上，感觉浑身都充满了生命力，而气场自然而然也就有了。心理学家也是通过这种方法提升自己的气场以及提高个人的气质与魅力的。我们想要提升自己气势的话，也应该从抬头挺胸让自己变得气宇轩昂做起。

2.保持清醒的头脑。

沟通时难免会出现一些突发情况，这时，很多人会因为没有心理准备而变得惊慌失措，不知所措，而心理学家却能在这种情况下保持清醒，有一种泰山崩于前而色不变的定力。这种举重若轻的气度和魄力就形成了一个极大的磁场，强有力地吸引着那些不知所措的人。那些人就会把心理学家看成救命稻草，自觉地向他靠拢，也心甘情愿地接受他的差遣，自然也会将自己所知道的情况原原本本地告诉对方。

3.要坦然面对不确定因素

心理学家告诉我们，在沟通的过程中，谁也不敢保证自己能够全部回答出别人提出的问题，总会遇到一些自己不知道的问题。越是在这个时候越不能紧张，而要以一颗坦然的心去面对。

比如，有一个专家和别人沟通的时候，对方向其提出了一个非常复杂的问题。他没有因为不知道而慌张，而是不慌不忙地回答说："这个问题很好，不过我现在不知道答案。如果你愿意给我电子邮件地址的话，我稍后寄给你答案。"这样一来，对方就不好意思再追问什么，更没有理由去嘲笑这位专家了。

4.不要刻意取悦于人

心理学家说，为了使沟通更好地进行，在必要的时候可以取悦一下对方，但却不能刻意地去取悦。一个人要想有气势，心里一定要有一个比起给别人留下美好印象还要重要的目的，比如，给他留下一个"不可侵犯""不可欺"的印象，未尝也不是一件好事。

5.说话态度要不卑不亢

心理学家说，当人们遇到某个地位较高或者是比他有权势的人的时候，就会不由自主地改变自己的行为。这样一来，就大大削弱了自己的气势，让对方显得高自己一等。心理学家从来没有出现过这方面的情况，哪怕是和总统在一起，他们也表现得从容自如，态度不卑不亢。

心理学家告诉我们，一个有气势的人不会想要高高在上或对周围的人施恩，也不会把对方认为神圣不可侵犯。我们面对的沟通对象可能是自己的老板，但作为沟通方来说，都是平等的，没有必要高看他们一眼。

6.说话时懂得抢占先机

心理学家们在和对手们进行交锋的时候，都会不惜一切代价地抢占先机。因为在他们看来，谁抢占了先机，谁的胜算概率就会高一些。这是因为，抢占先机就意味着这个人有着超出对手的勇气。因此，我们在和对手进行对话或者是谈判的时候，就应该尽量地让自己占据主动地位，给自己营造一个主场出来。这样一来，就能够非常有效地震慑住对方，迫使对方“乖乖就范”。

7.呈现出正面的能量

有气势的人总是充满能量。这未必写在脸上，而是让人感觉到一股要爆发的精力。一旦让人感到了这种能量之后，就会让人联想到凌然正气、邪不压正之类的词语。如此一来，别人就会把自己知道的信息告诉给你了。

第8章

言听计从策略：成为对方的心理上司

如果两个身份平等的人进行交往，通常情况下，一方很难让另一方按照自己的意愿去做事。反之，如果是上级和下级进行交流，那么下级就会对上级的吩咐言听计从。这是因为上级是一个能驾驭下级的人，无论他说什么话，下级都会听从。因此，心理学家给我们提出了一个建议：运用正确的方法，采取正确的措施，让自己成为他人的“心理上司”，驾驭对方的心理，轻轻松松让其对自己听你的。

巧设提问陷阱，让对方深陷其中

我们在遇到一些问题需要向别人询问答案的时候，不能采取直来直去的方式，因为那样比较容易让对方产生抵触心理；同时，也不能给对方太多选择的余地，因为这样对方很可能会举棋不定，无所适从。要想得到正确的答案，我们就应该向心理学家学习一下，采用“二选一”的提问方式来套出答案。

心理学家告诉我们，“二选一”是一种非常有效的提问技巧，这种方式能够在很短的时间之内让自己掌握主动权，在最短的时间内驾驭别人的心理，让其进入到自己所希望的状态之中。比如，当一个探员想约见某一位市民的时候，绝不会说“您什么时候有时间”，而是会问对方“您明天有空吗？”这样一来，对方哪怕明天没有时间，也会在下意识里思考一下什么时候有空，然后再给探员一个明确的答复。

犯罪心理学家在和一些犯罪分子打交道的时候，经常采用“二选一”的方法来巧妙地让其就范。比如，他们在审讯犯罪嫌疑人的时候就会说：“你是准备顽抗到底接受法律的惩罚，让自己的后半生都在监狱里度过呢？还是坦白交代，争取减刑，早日摆脱不见天日的生活呢？”他们给犯罪分子两条出路，使其不再有其他的选择。这样一来，就非常巧妙而又有效地影响了对方的思维，让犯罪分子觉得除了这两个选择之外再也想不出其他的办法来了。而这两个选择一个是光明的，一个是黑暗的。出于趋利避害的本能，他们通常都会选择积极配合，主动坦白。

心理学家一再强调，在面对那些犹豫不决、摇摆不定、情绪波动太大，难以摸透选择倾向的情况下，要想让其按照你的想法做事，就应该故意给对方提供两个选择，巧妙地将自己的想法移植到他的思维当中，从而有效地驾驭他的心理，获得交谈与谈判的最终胜利。

心理学家说，在平常的生活中，不能询问别人："你想要什么？""你喜欢什么？"而是应该为对方提供两种答案来供其选择。只有这样才能驾驭对方的心理，将其引入到自己设定的区域中。

有一些销售员在销售皮鞋的时候，通常会问客户"您喜欢什么款式的皮鞋？"这种方式看似比较细心，实际上却给客户出了难题，对方一时间也不可能给你一个清晰的答案。如果按照心理学家的提问方式，就应该说："先生，您要哪一种？这种鞋美观大方，显得很华贵；而这种鞋很结实，最适合日常生活穿。"当你这样说时，客户就会主动考虑一下哪一个款式更适合自己了。无论他做出什么样的回答，都会落入你设计的圈套之中。

"二选一"的提问方式适用于很多场合。比如，一位银行的职员想劝别人储蓄的时候，往往不会问他要不要储蓄，而是问他是选择活期还是定期的存款方式；一位善于教育孩子的家长，绝不会对不想学习的孩子说什么时候做作业，而是会问："你今天是要复习功课，还是预习功课？"

心理学家说："二选一"的方法能够让对方按照自己的要求做事，同时也在表象上给对方了一个选择的机会，让对方感觉到结果不是强加给他的，而是他自己选择的。这样就能够很好地维护对方的自尊心和虚荣心，从而让对方更好地与你进行合作，最终达成协议。

在向别人进行提问时，我们不能简单地问对方"是还是不是""要还是不要"，除非你有充足的把握让对方回答"是"或者是"要"。

"二选一"的提问方式只是一个规则，并没有特定的形式，使用这种方法进行询问的时候，应该根据不同的情况而选择不同的提问语言，比如：

"你比较喜欢三月一号还是三月五号交货？"

"发票要寄给你还是你的助理？"

"你是要用信用卡还是现金付账？"

"你要红色还是蓝色的汽车？"

“你要用货运还是空运?”

当你使用“二选一”的方法提问时,相信无论客户选择哪个答案,都能够满足你的要求。

当然,使用“二选一”提问方式的时候,也应该尽量地把握好一定的分寸,注意一下提问的语气,思考一下所提供两种答案的先后顺序。如果你不思考这些问题,只是机械地以这种方式进行提问,很可能会碰一鼻子灰。

如何说服他人

在向一些知情人了解情况的时候,犯罪心理学家通常都会要一些花招,向他们提出过高的要求,以此来“威胁”对方,然后再以适当让步的形式来说出自己的真实要求,来达到最初的目的。多次的事实证明,这种方法屡试不爽,屡战屡胜。

如果犯罪心理学家希望从一名知情人的口中得到犯罪分子的藏身之地,但是又怕他不配合,犯罪心理学家就会提出非常高的要求:“只有你知道犯罪分子藏在什么地方,希望你能协助我们的工作,请你做我们的向导,把那些犯罪分子抓捕归案。”知情者听后,感到非常震惊和恐惧,面露难色,连连摆手:“那地方实在是太危险了,我不敢去。”犯罪心理学家见状,就会做出让步,提出新的要求,告诉他:“既然你担心生命安全,我们就不难为你了。这样吧,你把具体地点告诉我们,剩下的事情就不用管了。”

知情者听罢,如蒙大赦,连连点头表示答应,爽快地把犯罪分子的藏身之地告诉了心理学家。

如果犯罪心理学家在一开始的时候就直接要求知情者把犯罪分子的藏身地点告诉他,那么,知情者就可能会出现犹豫,甚至还有可能会拒绝他的要求。一旦要求被拒绝了,犯罪心理学家就会处于非常被动的地步,没有任

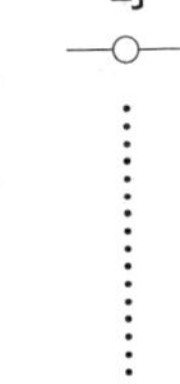

何回旋的余地。但是，犯罪心理学家直接提出了一个更高的要求，从而有效地化被动为主动，也有了讨价还价的余地。知情者听到新的要求之后，心里就会感到很庆幸，自然也就不好意思再拒绝了。如此一来，犯罪心理学家最初的目的就达到了。

其实，犯罪心理学家的这种做法也不是什么独门秘籍，很多聪明人在和他人谈判的时候都会利用这一技巧。比如，鲁迅先生在他的一篇文章中讲了这样一个故事：如果有人提议在房子墙壁上开个窗口，势必会遭到众人的反对，窗口肯定开不成。可是如果提议把房顶扒掉，众人则会相应退让，同意开个窗口。

为什么会出现这样的情况呢？这是因为每个人都会有一种思维惯性，人在判断事务的时候，都会在有意无意之中进行一番“货比三家”似的比较。如果你只向他提出一个条件，哪怕这个条件再小，恐怕也会遭到他的拒绝。因为他不知道你的要求存在多大难度，也不知道这样做值不值；反之，如果你在提出了一个难度比较大的要求之后，再不失时机地主动“打折”，就等于是给他提供了一个参照物，两个要求进行一番比较之后，他就会认为按照后面的要求去做，不会存在什么难度，操作起来比较容易，于是，就会爽快地答应你提出的要求。他们不但答应得比较爽快，做起事来也就格外认真，最后，一定能够给你一个超乎想象的答案来。

在工作中，特别是当我们和别人进行谈判的时候，应该讲究一些策略和方法，运用一下先夸大再缩小的说服技巧，用提出高于预期要求的形式来达到最初的目的。

有一名工会职员为纺织厂的会员要求增加工资一事向该厂的老总提出了一份书面要求。一个星期之后，老总要求他去谈判新的劳资合同。他在来纺织厂办公室之前，做好了“打擂台”的准备。

令他感到非常惊讶的是，老总见了他之后，就向他详细介绍销售和成本情况，还花费了相当长的时间给他讲述今年的财务前景。这种场景是工会职员从来没有见过的，因此，他就有些摸不着头脑。为了争取时间，考虑好对策，他就拿起了茶几上的资料阅读了起来，而他的书面要求则在这些材料的最上面。

工会职员看了之后，恍然大悟，终于明白为什么老总在向他诉苦了。原来，他的秘书在打字时出现了差错，将要求增加工资 13%打成了 31%（而他本人的期望值则是 8%），难怪厂方如此为难呢。

看完资料，他的心里就有了底。于是，就静静地听着老总大讲特讲工厂的艰难处境，等待他的最后结论。老总在诉了一番苦之后表了态："工资可以涨，但是涨幅不能太大，公司的底线是 15%。"工会职员听后大喜，很爽快地就和老总签订了协议。

在和客户或者是对手谈判的时候，我们向对方开出的价码一定要高于自己最初的要求。因为这样才能够让谈判继续进行下去，也才能让自己有回旋的余地。因此，那些深谙谈判术的专家们在谈判桌上都非常喜欢利用这种方式。

当然，在工作的时候，我们也可以以这种方式来对待自己。比如，给自己制定一个较高的工作目标，迫使自己朝着这个方向努力。实现了这个目标更好，即便实现不了，也早会实现了当初的目标。

巧用第三方来说服，让对方跟着你的思路走

在生活中，我们经常会遇到这样一种现象：当我们滔滔不绝地向对方讲述一个观点、阐明一个道理的时候，对方非但不会被我们的诚意所感化，反而表现得更加固执，哪怕你说得口干舌燥，对方也不会有一点儿同情的意思，更不愿意按照你所说的去做。遇到了这种情况之后，很多人都会非常泄气，感慨对方不可理喻，不通情达理。但是，感慨是没有用的，我们需要做的

是寻找其他的方法来对其进行说服。

究竟该采取什么样的方法来说服人呢？心理学家告诉我们，可以巧妙地运用第三方来进行说服。换句话说就是，抛开自己的意见和立场，以第三方的角色来表明自己的态度。犯罪心理学家告诉我们，这是一种行之有效的方法。他们在和犯罪嫌疑人以及知情人打交道的时候，经常采取这种方法来让别人对自己言听计从。

在加利福尼亚州发生了一起凶杀案。有人举报说凶手是死者亨利的弟弟吉姆。因为在一个月之前，兄弟两人为了争家产而闹得不欢而散，视若路人。但是，心理学家经过调查发现，弟弟并不是凶手。

由于亨利没有任何朋友，也不和同事们来往，而且他的父母已经过世了，要想了解线索，还应该从弟弟身上入手。

不过，吉姆并不愿意配合调查。他直言不讳地告诉犯罪心理学家："我和他已经恩断义绝，他死了和我一点儿关系都没有。"

犯罪心理学家并没有生气，而是和言细语地说："我知道你和你的哥哥有矛盾。但是，他毕竟是你的亲哥哥，他被杀了，你难道一点儿都不难受吗？你看有很多成功人士都非常重视亲情。曾经有一个富翁为了给弟弟洗刷冤屈，四处奔波，还差点破产。但是这个富翁并不后悔，他的做法也得到了人们的尊重和认可。"

"但是，他已经死了，我又能怎么办？"吉姆还是拒绝合作，但是语气已经明显缓和了许多。

"是的，人已经死了，说什么也没有用。但是，自己的哥哥不明不白地被杀了，弟弟却默不作声，别人会如何看待你呢？"犯罪心理学家说："作为一个警察，我们要为合众国的公民的人身安全负责。你作为弟弟，也应该为自己的哥哥尽一份力，是这样吧。"

弟弟再也忍不住了，他想起了儿时和哥哥一起打闹的情景，想起了哥哥往日对自己的好。于是，他就抽泣着把自己知道的一切都告诉了犯罪心理学家，并再三恳求对方一定要抓获凶手，帮哥哥报仇。

后来，警方从吉姆提供的线索当中找到了破案的线索，最终将凶手捉拿归案。

心理学家告诉我们，一个人的行为方式是由其心理决定的。要想让他听从你的建议或者是安排，就应该进入到对方的内心中。要想进入到他的内心中，就不能片面地站在自己的角度上去进行劝服和引导。因为这样就会让对方觉得你所有的努力都是站在你的立场上，是为了争取你的利益，于是他们就会产生一种抗拒心理，不听从你的建议，不配合你的工作。如果站在第三者的角度，把自己装扮成一个“第三者”，结果就会大不一样了。因为在绝大部分人看来，“第三者”不在现场，和自己没有什么利益冲突，他们的立场和观点都是站在比较客观的角度上表现出来的。因为是站在客观的角度，就显得公平公正，也在很大程度上代表了真理。如果再坚持自己的意见不放的话，就等于是顽固不化、一错再错，和真理相抗争了。基于这方面的考虑，他们就会听从你以“第三者”的口吻提出的建议，对你言听计从。

在现实生活中，我们要想让一个人对自己言听计从的话，决不能扮演一个说教者的角色，因为那样只会引起对方的厌恶情绪和敌视心理。要想有效对其进行说服，一定要站在他的立场上去想问题看事情，如果他拒绝你的将心比心，不认同你的共同战线策略，你也没有必要灰心丧气，而是要巧妙地让自己扮演一个“第三者”的角色，以客观的态度、理智的口吻，站在真理的角度上来和他交谈。这样，就能够起到意想不到的良好效果。

先顺从对方，后寻找机会

犯罪心理学家在办案的过程中会遇到很多相当狡猾的对手，在和这些对手进行较量的时候，他们会采取一种“服软”的方法——先顺应对方的意愿,再将计就计等待机会进行反击。对于犯罪心理学家来说,“服软”并不是妥协,而是一种驾驭人心的方法,这种方法可以死死地将对方套牢,让其最终在原形毕露之际不得不对自己言听计从。

顺应对手的意愿,将计就计的策略一直是一项使用率非常高的计谋。犯罪心理学家在和对手较量的时候,经常使用这一方法来达到自己的目的。

美国联邦调查局的专家卡洛斯曾经说过:“罪犯们都有一个特殊的心理,他们不愿意让自己的思维受到别人的干预,对警方提出的所有问题都会下意识地去拒绝。如果警方能够按照他的心理意愿进行提问的话,就会让他觉得警察是在服软,防范意识就会降低,也就愿意回答警方提出的问题,最终落入警察事先设计好的圈套之中而不能翻身。”由此可见,将计就计是一种实用而又有效的方法。

在我们的日常生活中,如果你自己想要达成某一种目的,想让对方按照你的想法行事,也可以和心理学家一样,利用将计就计的方式来控制对方。比如,一名业务员在和客户进行谈判的时候,对于对方提出的一切条件,都可以先答应下来,给他以心理的满足感;然后再见缝插针,一点点地将自己的意见表达出来,在这个时候,客户因为心存得意,很难察觉到你的想法,也不会拒绝你的提议。这样一来,你就够顺利地“控制”对方了。

当然,利用将计就计这一方法的时候,还需要注意一些问题。对此,心理学家为我们提供了如下几点建议。

1.摸清楚对方的意图

心理学家强调说,将计就计首先就要了解对方的“计”在哪里,如果你连对方怎么想的都不知道,使用将计就计这一策略就等于是天方夜谭了。犯罪心理学专家席梦德说:“我在和犯罪分子打交道的时候,都会通过对方的一句话、一个动作、一个眼神来了解他的所思所想;然后满足他的心理愿望,以此来麻痹对方,让其以为我上当受骗了;最后,再以此为支点,进行巧妙地反击和引诱,最终取得交锋的胜利。”在生活中,我们也应该和席梦德一样,仔细观察，认真思考，了解对方的所思所想，然后再对症下药，将计就计。

2.不过早暴露自己的意图，以免打草惊蛇

能够让犯罪心理学家高度重视的人，绝对不是泛泛之辈。因此，犯罪心理学家在和他们打交道的时候，从来不会让自己表现得非常聪明，更不会将自以为是的神色表现出来；相反，他们还会想方设法来掩饰自己，以此来麻痹对方，让其觉得自己智商很低。因为他们知道，表现得太过聪明，过早地表现出自己的意图，就会打草惊蛇，让完美的计划夭折。

3.丝丝入扣，不漏任何破绽

心理学家强调，在运用将计就计策略的时候，要尽量表现得不显山不露水，在不显示任何痕迹的情况下让对方上当受骗，落入圈套。故而，在和对手较量之前，要花费一些时间思考中间环节，再考虑中间可能遇到的一些意外环节以及如何应对等问题。唯有如此，才能做到万无一失。

利用权威，增加公信力

名人效应就是我们常说的权威效应。利用权威效应是心理学家常用的说服他人的方法。所谓“权威效应”说的就是如果说话者的地位较高，深得众望，比较有威信，受人尊重，那么，他所说的话就比较容易引起别人的重视，他所说的话也比较容易让人相信。为什么权威人物说的话能够比较容易得到他人的认同呢？心理学家认为，主要有两个原因：第一，人们普遍具有寻找安全的心理，也就是说，人们总觉得权威人物在某些专业领域有着较深的造诣，在具体事务的认识上要比一般人看得远一些，他们的言论增加了不会出现错误的“保险系数”；第二，人们对权威人物都有一种“盲目崇拜”的心理，由于大部分人对一些事务的认识都处在业余水平，对自己的看法通常都不自信，而权威人物则不同，他们往往代表着正确的认知方向，他们的要

求也常常与社会规范相一致，按照他们的要求去做，就等于走上了时代的前沿，抓住了真理，同时也能够得到社会各方面的赞许和奖励。

心理学家给我们讲了一个故事，从这个故事中我们就不难看出权威效应的神奇功能。

在美国，有一个心理学家做了这样一个试验：他们在给某一大学心理学系的学生们讲课的时候，介绍了一位从其他学校请来的德语老师，然后对学生说，这位老师是德国著名的化学家。

在上课的过程中，这位著名的"化学家"煞有介事地拿出了一个装有蒸馏水的瓶子，告诉学生们说，这是他自己最新研究发明的一种化学物质，在嗅觉上有一些说不清的味道。然后他要求闻到特殊气味的学生们把手举起来。结果，整个教室里，百分之八十的人都举起了手。

为什么明明是没有气味的蒸馏水，却被大部分学生认为是有气味呢？其实这就是社会中存在的一种普遍心理现象，也就是"权威效应"。

心理学家在和一些意见相左的人进行交流的时候，为了让对方同意自己的意见，他们常常会搬出权威人物，用权威人物的话来为自己的意见增加分量，进而说服对方。这种方法，往往能够起到非常好的效果。

事实上，不仅仅心理学家喜欢利用权威效应来说服别人，在现实生活中，人们也喜欢这样。比如：在辩论赛上，辩手们喜欢引经据典，用权威人物的话来为自己的见解做根据；一些商家做广告的时候，喜欢邀请一些权威人物来做产品代言人等等。

在谈话的时候，如果想要得到别人的支持和认可，我们可以适当地利用一下权威效应，这样不仅可以减少双方的矛盾，还能够节省很多口舌和精力，最终取得良好的效果。

一个善于利用权威效应说服他人的人，往往能够获得"亚权威"的身份。他能够得到大家的认可和欢迎，做起工作来也就会如顺水行舟。反之，一个人微言轻却并不愿意利用权威效应来给自己增加分量的人，很可能就会受到大家的疏远与孤立，做起工作来，就如逆水行舟，时常遇到人为的阻力和压力，经常会陷入说话没人听的尴尬境地。

那么如何利用权威效应，让自己的说话令人信服呢？心理学家告诉我们，要做到如下几点。

1.多读书，勤看报

一个没有任何知识储备的人，是不可能知道权威人士和权威观点的，眼界只能局限于一些狭小的范围之内。当他需要引用一些理论性的东西时，就难免会感到窘迫，即便是想杜撰几句经典的话也会漏洞百出，最终非但不能有效地说服别人，还会授人以柄。

2.引用权威人物的话要适度，不能太多

需要用权威效应去说服别人时，只需说上一两句即可。如果长篇大论连篇累牍地引经据典，大讲特讲子曰诗云，就会让说服发生本质的变化，成了炫耀自己的学识渊博。这样一来，对方就会对你产生抵触心理，不愿意听从你的劝说。

3.配合适当的表情、眼神和手势语

在引用权威人物的话时，要让对方从神色上看出你对这个权威人物的了解以及信服。如果你用轻佻的眼神、开玩笑的表情、不自重的手势，对方要么觉得你是在说谎，要么就认为你是在开玩笑，自然也不会信服你所说的话。

以柔克刚，令对方欣然顺从

以柔克刚就是指用柔软的方法克制较为强硬的对手。在和别人打交道的时候，如果碰到了态度强硬不肯合作的人，心理学家并不会以强硬的语气去压制对方，也不会厉声恫吓，而是采用比较“柔软”的方法进行说服。在和

他们沟通交谈的时候，心理学家通常都是慢声细语、态度恭顺、循循善诱、晓之以情动之以理，即便对方不给自己好脸色，他们也不会动怒。因为心理学家知道，以硬碰硬的方式不足取，这种方法不仅无法化解对方的抵触心理，还有可能产生更大的矛盾，从而造成不欢而散的结局。

心理学家认为，以“柔软”的方式说服别人，体现出了对对方的尊重与包容，也表现出了自己的真诚与热情。而以硬碰硬的方式则代表了敌视与心胸狭隘，更多地则表现出了自己的急躁以及胸无城府。因此，在面对那些态度较为强硬的交谈对象时，心理学家通常都会放下架子，以“柔软”的方式来化解其心中的坚冰，最终让其听从自己的意见，按照自己的想法行事。

心理学家强调，“柔软”并不代表无力，反而其所包含的韧性更能产生巨大的作用。曾经有心理学家打过这样的比方：骨头是坚硬的，而蚂蚁则是渺小软弱的，但蚂蚁却能啃掉骨头；石头是坚硬的，水是软弱的，但最终水滴却能把石头滴穿。心理学家进一步强调，与人交谈时，以硬碰硬，最终只能两败俱伤；而以柔克刚，则能让对方欣然而从，最终取得非常有效的结果。

有许多叱咤风云、能力卓越的人物，在和别人进行交流沟通的时候很少会采用强硬的态度，而是和心理学家一样采取以柔克刚的方式。事实证明，这种方式远比以硬碰硬更有效果。

松下电器创始人松下幸之助，年少时去一家大电器厂求职。他请求对方给他安排一个职位最低、工资最少的工作。但是，人事部的主管看他个头小身子弱，就不愿意录取他。于是，主管就搪塞道：“我对你感到非常满意，但是现在公司并不缺人，你要不等下一个月再来看看吧。”

一个月之后，松下幸之助又来到了电器厂。人事部主管见状哭笑不得，但又不好意思明说，就推托说自己现在很忙让他过几天再来。几天之后，松下幸之助又来了。人事部经理无奈，只好说：“你这脏兮兮的根本就进不了工厂。”于是松下回去借钱买了衣服，穿戴整齐地来了。对方没办法，便告诉松下：“关于电器的知识你知道得太少，不能收。”两个月后，松下又来了，说：

"我已学了不少电器方面的知识,您看哪个方面还有差距,我一项项来弥补。"人事部主管看了他半天才说:"我干这项工作几十年了,头一次见到你这样来找工作的,真佩服你的耐心和韧性。"松下终于打动了人事主管,如愿以偿地进了工厂。

有个成语叫做"水滴石穿",而松下幸之助最终能够进入电器厂工作,靠的就是这种韧性与耐心。试想一下,若他当初因为对方的搪塞或者是挖苦拂袖而去的话,恐怕就永远没有这个机会了。

在现实生活中,我们要想说服别人,没有必要以硬碰硬,而是要以柔克刚令对方对你刮目相看,继而欣然顺从你的意见和建议。

在使用以柔克刚的方式说服别人的时候,心理学家为我们提供了如下几点建议。

1.放下架子

要想扮演好"软"的角色,就不能以势压人,也别指望将彼此的地位放平,而是要放下架子,把自己的地位放低一些。这样虽然会对自尊心带来一些伤害,但却能够产生很好的作用。

2.控制情绪

在与人沟通交流的时候,对方可能会因为口无遮拦、自高自大、自以为是等原因而说出一些伤人自尊的话。这些话很可能会让你怒火中烧、义愤填膺,甚至还有可能会挥拳相向。但是,你千万不能让情绪发作出来,而是要尽量地控制,权当什么事也没有发生一样。越是在这个时候越是能表现你的涵养与定力。

3.要有耐心

有些沟通对手不仅态度强硬,还会拖延时间讲一些与主题无关的事。他们滔滔不绝地讲,你满心不情愿地听,最后可能会因为无法忍受而拂袖而去。一旦发生了这种情况,交流沟通就失败了。须知,这时候是考验你定力与耐心的时候,坚持下去你就赢了,坚持不下去,你就败了。

用热情打破对方的心理防线

无论是在工作还是在生活中，心理学家对身边的人都非常热情。因为在他们看来，热情是融化别人心中坚冰获得他人好感的重要方法。一名心理学家曾经说过："你的热情决定了事情的成败。你对别人的态度直接影响了别人与你合作的激情。"由此可见，在与人的交流沟通中，付出热情何其重要。

心理学家认为，一个对他人不热情的人，根本就不可能调动他人的热情。热情是一种具有感染力的情感，它能够带动周围的人去关注某些事情，当你很热情地和沟通对象谈话时，对方也会"投之以桃，报之以李"。

心理学家说，热情能使说服获得格外的成功。因为人都是有情感的，当我们"热"起来的时候，也会传导给对方，使对方的情绪也"热"起来。因此，他们一致认为：大凡无热情而完成大业者，未曾有之。

热情是你内心的温度，就是你有多大的干劲就有多少激情的意思。虽然干劲、激情这类东西是看不见也摸不着的，但没有比它更能感染人的了。如果你想点燃一堆柴火，最重要的就是有一个点燃它的火源，而且这个火源的热度要足以使柴火达到燃点。其实，他人就是那堆柴火，而你就是火源，只要你充满热情，那么你就能点燃他人。

有一次，一位犯罪心理学家不远万里前往阿拉斯加州一个知情者家里去调查情况。他在上门之前，了解了对方的家庭情况以及个人爱好，在拜访的时候还精心准备了一份礼物。见到对方正在忙家务，就挽起袖子帮忙。这一下使原本还犹豫的知情者深受感动，当即就把自己所知道的情况一五一十地告诉了他。

没有热情，很难使说服奏效。热情的说服是以语言点燃人的心灵火花的高超艺术。在说服他人的过程中,如果没有倾注一定的热情,想要成功又谈何容易。这种热情除了能直接增加说服力外,也能帮助我们更深刻地理解说服内容。此外,它还可以刺激你的灵感,提高你随机应变的能力。那么,为了让自己充满热情,应该如何做才好呢?心理学家为我们提供了如下几点建议。

1.要确认自己的说服内容的效果及效用

这里所说的确认,并非只用脑子记住就行,更重要的是要切身地去体会,要考虑应该如何表达才能让对方欣然接受。那些抽象、专业、冷僻文字的表达,只会让别人对你的说服内容感到"丈二和尚摸不着头脑"。这种连自己都会搞混的表达方法,要想让对方理解并接受,根本是不可能的。所以,我们必须弄清楚这点:想表达的语句必须做到自己先能够理解后,才可能被对方所接受。

2.要在心中反复默诵说服内容的效果,不要老是惦记着该内容的缺点

在潜意识中,我们应记住积极有利的内容。即使你觉得自己的说服内容有很多不妥之处,也应尽力找出其中的优点,就像一名教师要把自己的知识传授给学生一样,有的老师上课学生很容易理解,有的老师虽然才华横溢,但教学效果却极差。所以说,浅显易懂的表达方式是很必要的。

3.要诚挚地说话

每一个成功的说服者在他的声音中都有一种"火警"的特质。不要因为"嗯……"或紧张的干咳而使自己的表达大为逊色,摒弃所有矫揉造作的个人风格或手势,那些只会转移对方对你说话内容的注意力。

4.要有表情的配合

在说话时,表情就是语言的铺垫,有时你的表情可以是"春风荡漾",即面带微笑且常挂不衰;也可能是"秋风萧萧",即面显愁容且眼皮沉重还可能是"风平浪静",即面部平静且眼神平淡。不同的表情可以按铺垫时营造的主题氛围而选择:春风荡漾的表情自应与煽情话题相配,秋风萧萧更适合伤

情话题，而风平浪静的表情适合平淡话题。

5.要建立彼此信任的关系

有的人在说服时，会向对方表示亲密的态度或用甜蜜的语言与之接近，这样不仅无法达到说服目的，而且还会引起对方的警戒，甚至受到对方的轻视，所以信任非常重要。古人云：言必行，行必果。你不辜负他人，就能建立信任的关系，达到圆满的说服效果。

第9章

提问引导策略：让对方跟着你的想法走

当我们遇到不理解、不明白的事情时，就需要向对方进行提问。但是，直来直去的提问却未必能够换回别人如实的回答，也难以得到让自己满意的答案。这是因为，绝大部分人对提问题者都会有一些戒备和不信任，他们在回答问题的时候要么有所保留，要么就是答非所问。为了避免出现这样的情况，我们应该向心理学家学习一下心理问话技巧，用正确的提问策略来引导对方。

细化问题，答案更清晰

在向别人进行问话的时候，绝大多数人都喜欢直线式的提问方式。但是，这种方式往往不能产生有效的结果。在这种情况下，被问话的一方要么矢口否认、强词诡辩，要么避实就虚、避重就轻，大打太极拳。

怎样做才能让对方如实地回答你呢？心理学家告诉我们，要将问题细化，把一个大问题分解成几个看似与主题不相干的小问题，进行曲线式提问。在心理学家看来，这种方式虽然耗时比较长，但是可以减轻交流的阻力，能够有效地诱使对方如实回答。

谈判专家在工作中，经常利用这种方式来和犯罪嫌疑人打交道。

纽约警察局破获了一起杀人案，罗恩的妻子在和他离婚之后与他的朋友结婚了。罗恩对此非常生气，就潜入前妻的家中，将两个人一起杀害了。

警方在掌握了证据之后，向法院提出公诉。但是，在法庭上，罗恩的律师团却指责警察局办案人员伪造证据。被质疑的警员非常生气，他咆哮着对律师说："我并没有隐瞒什么，你根本就没有权力质疑我，你质疑的不是我本人，而是整个纽约警察局！"

双方各执一词，法庭人员对此也无可奈何。最后，他们请谈判专家来帮忙。

谈判专家来到法庭，对警员说："警员先生，您是否向陪审团讲过，您和您的助手在犯罪现场提取过帽子和手套？"

纽约警员一脸不屑，拒绝回答。

谈判专家继续问道："您的助手告诉法官，当时他把一条毛毯盖在了死者的身上。而后，法医和犯罪心理学专家才来到现场。您这样做的原因是对死者的尊重还是在故意破坏证据？无论出发点是什么，但有一点是肯定的，您和您的助手并没有很好地保护好现场。”

听完这句话，纽约警员的脸抽搐了一下，额头上也冒出了层层细汗。不过，他并没有承认，而是继续狡辩，只是声音很小：“我承认，这是一个致命的错误，我当时只是觉得很血腥才这样做的。但是，我们警察也有自己的一套办案程序，请你们尊重这个程序。”

“一个致命的错误就够了吗？”谈判专家提高了声音：“你所做的一切都是按照纽约警察局规定的程序来的吗？作为一名从业多年的警察，难道你不知道自己这样做是严重的失职吗？”

……

在谈判专家的接连发问之下，纽约警员的脸色苍白，双腿打颤，站立不稳，最后乖乖地承认了自己在工作中的愚蠢行为。

作为执法人员的纽约警员，有着一种有恃无恐的心理。因此，在被告律师对其进行质疑时，他的态度就非常蛮横，当谈判专家进行问话时，他也是一脸的不屑。但是，在谈判专家说出几句话之后，他就溃不成军，无力抵抗，束手投降。造成这种现象的原因，不能不归结于问话者巧妙的提问本领。

在这个故事中，谈判专家没有和警察进行硬碰硬的对抗，而是将问题进行细化分解，通过对证据疑点的分析，抓住警察在工作中的漏洞，来指出他的错误，最终迫使他说出实话。

心理学家说，将一个大问题分解为几个小问题，就能起到步步为营稳扎稳打的效果。在提问的过程中，从一些看似不相干的小事入手，然后再逐步加大问题的重量，就会将对方逼入死角。一旦对方没有了退路，就不得不如实回答，老实交代，再也不能进行狡辩。

著名的意大利记者法拉奇在采访别人的时候也是非常善于利用这种方式。面对各国政要，她提出了许多具有深度和挑战性的话题，但是每一个人都能配合，原因就是她能够凭借这种巧妙的问话方式来套出答案。

在很多时候，自己提出一些问题，对方出于种种考虑，未必愿意如实回答，他们很可能会通过花言巧语来进行掩饰，给出一些错误的答案，这样就会给我们带来许多负面的信息和影响。为了避免出现这种情况，我们应该和心理学家一样，学会将问题细化，将一个大问题分解成几个小问题，以此来套出对方的实话。

顺水推舟，引导对方说出你要的答案

在很多时候，向别人问话之前，我们需要先倾听一下对方的意见，然后再进行个人意见的表达和提问。因为这个原因，我们就不可避免地要遇到与对方意见相左的情况。出现了这种情况之后，需要通过沟通来和其谈判协商，争取让对方和自己想的相一致。但是，如果你处处用反驳的方法，不但难以达到目的，还会增加沟通障碍，最终会闹个双方矛盾加剧，彼此不欢而散。

心理学家说，当某个人表达自己的观点时，无论是在私人场合还是公共场合，都不能盲目地对其进行反驳，哪怕对方的意见漏洞百出，想法荒谬不堪，也不能这样做，而是要学会顺水推舟，以此来减少沟通的障碍，完成沟通任务。

有人会对这种方法不以为然，他们认为，如果别人发表的观点是不正确的，自己不采取急救措施，反而听之任之，是纵容别人犯错的不负责任行为，不但会让别人错上加错，也会让自己的利益受到损失。诚然，这样的想法是有一定的道理，但是我们应该明白，顺水推舟并不是听之任之，也不是睁一只眼闭一只眼，更不是无原则地进行妥协退让，而是为减少沟通阻碍而采取的一种手段和措施。因为每个人都不愿意受到别人的反驳和批评，用委婉相告的方式来让别人表达不同意见是符合人的心理的。

心理学家告诉我们："每个人的心里都会对不同的意见产生反感，尤其

不喜欢有人当面反驳自己。如果有人在大庭广众之下将自己的意见驳斥得体无完肤，他的心里就会不痛快，会对那个反驳自己的人产生仇恨的心理。”当一个人对你产生仇恨心理时，沟通结果就可想而知了。你不能天真地认为对方是一个闻过则喜的人，毕竟，在这个世界上，这样的人永远属于少数。

心理学家和无数人打过交道，在打交道的时候得出了许多宝贵的经验。他们认为，那些处处反驳别人、立志要与别人弄出个高低的人与那些懂得妥协退让、能够顺水推舟的人相比，两者在受欢迎的程度上是不可同日而语的。也就是说，懂得妥协退让、能够顺水推舟的人在与别人沟通的时候，遇到的阻碍就会少一些，取得成功的机会也会大一些。

心理学家是怎么样做到顺水推舟的呢？他们总结出了如下几种方法。

1.揣着明白装糊涂

心理学家说，想要减少沟通的障碍，让对方多说话，自己就要收敛一下，不过分卖弄、不炫耀，而是要揣着明白装糊涂。心理学家通过多年与人打交道的事情中发现，绝大多数人的心里都有一种自以为是的情节，谁也不愿意让别人超过自己。如果一个人过分地卖弄自己的学识和见解，势必会引起沟通对象的不满。为了表达不满，沟通对象就会故意闭上自己的嘴巴，不去配合对方的工作。为了避免这种情况，我们在与人沟通的时候就要表现得低调一些，学会揣着明白装糊涂，把说话主动权交给沟通对象。

2.顺势而为，因势利导

心理学家认为，如果你实在难以接受他人的意见，也不能立刻反驳，而是要在顺势而为的基础之上因势利导，这样就能减少阻碍，也能避免矛盾升级。

例如：在公司会议上，领导认为产品的包装不够美观。负责包装设计的人心里不服气，此时就可能会出现两种不同的声音：第一种声音是“我们的产品包装采用的是顶级的设计方案和最有实力的设计人员，不可能达不到标准”；而另一种声音则是“为了提升产品的竞争力，我们有必要对产品包装进行更新换代，我们以后会认真贯彻落实产品包装更新的工作，为公司的发展作出应有的贡献。”很显然，领导喜欢听第二种声音，因为这种声音维护了自己的尊严，顺应了自己的意愿。

3.不暴露自己的想法

心理学家认为，一个人不能没有自己的想法，但在和人沟通的时候也没有必要首先讲出自己的想法。因为你不知道别人是怎样想的，如果自己表达的意见与对方的意见明显有冲突，那么，最后就可能增加沟通的障碍；反之，如果你先让对方表达意见，既能体现出你对他的尊重，又能让自己处在一个进可攻退可守的位置，想要顺水推舟也就显得自然从容的多。这样一来，也避免了矛盾的发生与进一步激化，可以说是一举多得的上上之策。

多用语气强烈的词，增加问话的力量

心理学家告诉我们，问话时采用什么样的词语，将直接关系到问话的结果如何。如果采用一些情感色彩较淡、没有任何力度的词语向别人问话，就很难引起对方的重视，甚至还会引起对方的轻视。这样一来，被问话者就会对你所陈述的问题心不在焉，回答起来也是语焉不详，结果自然让你感到非常不满意。为了避免出现这样的情况，在向别人问话的时候，就应该多运用一些语气强烈的词，以此来增加问话的重量，最终得到一个满意的答复。

杰森是一名刚刚毕业的警校大学生，他毕业之后就来到了联邦调查局工作。他对这个工作非常感兴趣，在工作的时候也非常认真。但是，在向知情人调查取证时，却难以获得他人的支持与配合。因此，他感到非常苦恼。

有一天，他和犯罪心理学专家乔治一块去一个知情人家里调查某个案子的情况。在和该知情人的整个问话过程中，杰森的话语里出现了太多的“像”“是吧”“那个”之类的词，因此知情人对他的话一点儿也不感兴趣，最后结果也不甚理想。乔治见状，摇了摇头，就开始亲自问话。在问话过程中，他使用了很多预期强烈的词语，诸如“一定”“务必”“非常”“急切”等，最后，对方就把自己所知道的情况一股脑说了出来。

从知情人家里走出来，杰森向乔治询问原因。乔治告诉他说：“在你的话语里，出现了太多模棱两可的词语。这样只会让对方感到怀疑，认为事情并不是你说的那样，他觉得你是在说谎，自然就不愿意配合你了。”听了乔治的话，杰森感到非常惭愧，他心悦诚服地向乔治致敬，并暗暗下决心，日后向人问话时，一定要多说一些语气强烈的词，少说一些模棱两可的话。

当你向某个人进行提问的时候，就表明你急切地需要得知答案，也表明了你对对方的重视。为了体现出这种急切感与重视感，你就应该选择一些语气强烈的词语来增加问话的力度。只有这样才能够引起对方足够的重视，让对方为你提供想要的答案。如果你总是用一些毫无力度的词语，就表明你的心里发虚，更表明你对所问之事并没有多大的重视。既然你自己都不重视这一问题，别人轻视你也就不难理解了。

有一个社会学家曾经做过这样的实验。他用语气词“肯定”“非常”“特别”组成了十句语气较强的句子，同时又用“大概”“或许”“应该”组成了十句语气较弱的句子。然后，他请一个大学教师在课堂上当众念出这两组不同的句子，让学生们对句子中的力量感进行评价。最终结果显示：十个语气比较强的句子远比那十句语气比较弱的句子更有力量感，也更能让别人感受到力量与急迫。由此可见，用词的力度不一样，最终的结果也不一样。

在和别人交谈的过程中，多用一些预期较强的词语不仅仅能够引起对方的重视，还能表现出问话者的强大气场，可以控制整个谈话的氛围。在现实生活中，我们应该多运用一些这样的词语。

比如，一名领导在向下属提问的时候，说：“凯利，这个月的任务你觉得有可能完成吗？”下属很有很能就会回答说：“很难。”这个答案绝对不是领导想要的。如果想要得到一个非常满意的答复，领导就应该说："这个月的任务一定要完成，你有信心吗?"话说到这个份上，下属也就不敢再推脱了。

在问话的过程中，无论问话者对一个问题多么不了解，也无论他自己是否有自信心，都不能表现得太软弱，否则的话，只能会让对方瞧不起。所以，为了表示自己内心的强大与自信，就应该多说一些语气强烈的词，以此来进行有力量的问话，最终得到满意的答复。

用真诚打动对方

亲和力是指"人与人相处时所表现的亲近行为的动力水平和能力"。人们在交往中，通常都会因为和交谈对象彼此之间心理上存在着共通或者是近似之处而产生亲切感。一旦产生了亲切感之后，就会对对方产生极大的好感和信任。一旦对方提出什么要求，他们就会尽量满足，如果对方提出一些问题，他们也会知无不言，言无不尽。

人们普遍渴望自己拥有"亲和力"，因为这是渴望与他人亲近、和谐相处的一种心理状态，也是赢得别人信任的重要方式。但是，很多人尽管有着良好的愿望却因为找不到合适的方法而备感苦恼。那么，究竟怎样做，才能让说话具有亲和力，赢得他人的信赖呢？我们不妨和心理学家学习一下。心理学家经过多年与人打交道的经历，为我们提供了如下几种方法。

1.配合别人的感受方式

心理学家告诉我们，每个人都有着独特的方式来感受和感知这个世界，大体可以分视觉、听觉、触觉三大类。采取不同方式的人，倾向使用的感官器官也会不同。我们应该根据对方不同的感受方式来进行配合，进而获得亲和力，赢得对方的信任。

通常情况下，喜欢用视觉感受世界的人，比较喜欢快节奏，他们说话速度比较快，思考速度比较迅速，还喜欢阅读图标，行动能力比较强；喜欢用听觉感受世界的人，喜欢四平八稳比较有秩序的生活，在说话上常常是不疾不速，不喜欢和别人争辩，更不会抢白别人，喜欢聆听，在行动能力上则表现得稍微弱一些；喜欢用触觉感受世界的人，比较重视自身体验，注重自我感受，在为人处世上，喜欢以自我为中心，在说话上，速度也相对较慢。他们也喜欢倾听，不过这种倾听大部分情况下是“沉默的反抗”，是他们对交谈话题不感兴趣的一种别样表达。

了解了这些之后，我们在和别人交谈时，就可以先观察一下对方是以什么方式来感受世界，然后再迎合他的特性说出使其感兴趣的话，以此来增加自己的亲和力，增进彼此间的情分，赢得他的信任。

比如，一个人的说话速度非常快，就可判定他是视觉类型的人，那么和他谈话的时候就要多强调一下行动与成果。如果一个人说话时喜欢分成一、二、三，就可以断定他是触觉类型的人，和他交谈的时候就要多谈一下对某事物的具体感受。如果你在没有了解对方是什么类型的人之前就开口乱说的话，很可能会让双方的交谈出现尴尬，难以取得对方的信任。

2.配合别人的兴趣和经历

利用物以类聚的原理来增进彼此间的亲和力也是一种有效方法，就是找出及强调我们与对方之间的类似经历、行为或想法。在工作生活中，可以多观察一下对方的小细节，找到与对方有相近似的地方，以此来拉近彼此的距离，获得对方的信任。

比如，你登门拜访一个陌生人，进门之后，看到阳台上有很多盆栽，就可以问：“您对盆栽很感兴趣吧？”看到象棋、图书、高尔夫球杆等，也可以以此作话题。当然，如果你一时间找不到可以提供线索的东西，你也可以去关心一下对方的家庭成员，说一些“令尊大人还好吧？”“令郎上学了没？”之类的话，以此来增加亲和力，得到对方的好感，进而博取对方的信任。

3.使用“我也”的句子

如果对方的经历或见解中有跟你类似的地方，你就可以多使用一些具有神奇力量的短语，它就是“我也……”这样一来，对方就会很自然地把你看成与他有共同语言的人，也会将你视为知己。

比如：“您去过北戴河是吗？我也去过呢！就是今年6月份的事。您是什么时候去的呢？”“您同意服务行业最重要的是细心是吧，其实我也是这么想的。因为只有细心才能表现出对客户的尊重，才能获得客户的好感。”……

当你拥有了这些技能之后，就能和心理学家一样说话具有亲和力，从而博得他人的好感和信任。

总而言之，亲和力之所以能够产生如此大的功能，是因为其本质上是一种爱的情感，只有发自内心地去爱别人，才能够真正地亲近对方、关心对方，不至于落下一个“逢场作戏”的负面评价，最终获得对方的认同和信任。

用一个秘密交换一句实话

很多人对叱咤风云的心理学家充满了好奇心。他们觉得每一个心理学家都是精明干练、十全十美、高高在上而又喜怒不形于色的人。其实，真正接触过心理学家的人却并不这样认为，他们知道心理学家不是超人，也不是生活在神话里的人，而是一个个活生生的、有血有肉的人。也正是因为如此，心理学家才得到了大多数人的信赖与支持。

在和别人接触交谈的时候，心理学家能够把真实的自己呈现给对方，很少会把自己打扮成一个十全十美的人。在必要的时候，他们还会谈一些自己的糗事，来博得对方的好感。因为心理学家知道，把自己打扮得越完美，就会拉开和别人之间的距离，很难取得他人的信任。

有一次，记者采访一名刚刚协助警方破解了一个大案的心理学家："在和犯罪分子交手的时候，你感到害怕吗？"许多人都认为这名心理学家一定会回答说，不害怕。没想到他却说："害怕过。就拿这次来说，如果有机会的话，我就逃跑了。但当时的条件不允许，我不得不拼了性命和他们进行打斗。要不是想着赶紧离开现场的话，或许我就被他们打死了……"记者们听到他的回答，都轻松地笑了起来，同时，也都觉得这位心理学家非常可爱，是一个可信任的人。

很多人都会有这样的担心：自我暴露出缺点、弱点，向他人展现自己的隐私，讲出自己的糗事，很可能会让对方看不起自己，疏远自己。其实，这种担心是多余的，从这名心理学家的故事中我们不难看出，说出自己的糗事，不但没有任何的负面作用，反而还会让人感觉到你是一个诚实的人，同时，也会更加喜欢你和信任你。

在社会交往中，适当地透露一下自己的糗事，是一种拉近彼此关系获得他人信任的处世技巧。乐意让他人分享自己的不足，就等于是乐于向他人推心置腹进行交谈，因此，也就能够很好地吸引他人，获得他人的好感。

人之相识，贵在相知；人之相知，贵在知心。一个从不说出自己信息、情感和想法的人，会给人一种不真实的印象，也就会让人心生隔阂，产生戒备。很多人都会有这样的感受：自己推心置腹地和别人讲述个人真情实感的时候，对方却顾左右而言他，打太极拳，不和你交心，这对于陈述者来说，就会感到非常不舒服，对那个闪烁其词的人也就难以产生亲切感和依赖感。反之，当一个人向你详细地陈述内心的真实感受，毫不忌讳地说出自己的糗事时，你就会觉得这个人对你非常信任，你就会在感动之余对他充满好感。

有一个心理学家曾经说过："要想换取别人的信任，首先就应该让人了解到真实的自我，这样的人在心理上才是健康的。"因此，在和同事相处的时候，你就不妨向对方袒露一点自己的隐私，讲一些无关紧要却诱惑力十足的糗事，这样就能赢得对方的心，换取对方对你的信任。

当然，凡事都应该有个度，在透露个人糗事的时候，也应该掌握一定的界限，决不能把自己装扮成他人的笑料。否则，就有自轻自贱之嫌疑，也会让别人看不起你，更会给他人留下一些嘲笑你捉弄你的把柄。因此，在向他人透露个人糗事的时候，我们应该掌握以下两点原则。

1.透露的信息量要适当

一个从不表露自己内心想法的人，很难和别人建立密切的关系，而一个总是向别人灌输过量信息的人，也不会引起别人的好感。因为，喋喋不休地讲述自己遇到的种种尴尬或者难堪事，很可能引起他人的审美疲劳，也可能会引起他人对你的轻视之心和侮辱之举。因此，在讲个人隐私、透露糗事的时候，要做到恰到好处，既不能没有，又不能太多。

2.提供的信息最好和别人的生活和性格相近

糗事虽然是自己的，但在透露的时候最好选择和别人的生活相近的信息，换句话说，就是讲一些别人也曾经有过的类似的糗事。这样做有两方面好处。第一，避免了授人以柄。毕竟，这样的事情谁都碰到过，别人不可能因为你的糗事而嘲笑你，因为他也有类似的经历，在这些事情上并不存在优越感和批评权。第二，可以迅速拉近彼此双方的距离，让对方将你视为知音。当别人得知你们的尴尬遭遇相似时，就会觉得你和他在性格上有很多相似的地方，心理上也就自然而然地愿意和你更进一步交往。如此一来，交谈双方的情感就能迅速升温了。

如何拉近与对方的关系

在人际交往中，如果双方的关系良好，一方就会比较容易接受另一方的某些观点、立场，哪怕是对方提出一些有些难为情的要求，也不太容易被拒绝。这在心理学上叫做“自己人效应”。犯罪心理学家在和别人打交道的时

候，通常都能够游刃有余地运用“自己人效应”。比如，在和知情人打交道的时候，他们往往会这样说：“犯罪分子穷凶极恶，给我们的安全带来了很多隐患。如果没有你们的帮助，我的工作将不知道从何做起。”如此一来，就迅速拉近了彼此的心理距离，对方也就愿意向你提供实情了。

心理学家认为，对待陌生人，人们会不由自主地产生一种抵触心理，而对于自己人，则会自动地从表情上流露出一种亲切感。如果你以一个陌生人的面孔出现，就会给彼此的交流带来很大阻碍，如果你能给对方造成一种自己人的感觉，对方就会主动配合你的工作。

在生活中，如果我们有求于人，希望与对方形成一个良好的沟通氛围，就应该努力实现由陌生人到自己人的转变，让对方把自己当成最亲切的人，愿意主动地为我们提供帮助和信息。有很多成功人士都是靠“自己人效应”来争取别人的支持并取得最终成功的。

1860 年，林肯作为共和党候选人和民主党的道格拉斯竞选美国总统。道格拉斯是一个百万富翁，他为了在气势上击垮平民出身的林肯，就特地租用了一辆漂亮的专车，在车后放了一尊礼炮，每到一个地方就放 30 声炮，并且专门请了乐队进行演奏配合。这样的宣传方式在美国历史上，还是第一次。道格拉斯坐在车上，狂妄地叫嚣着：“我要让林肯这个乡巴佬见识一下什么叫作贵族气息！”林肯没有太多的钱去置办专车和礼炮，只能坐在一辆破马车上前往每一个选票点为自己拉选票。面对道格拉斯的挑衅，林肯并没有丝毫的胆怯和悲观，他选择了沉着应战。在道格拉斯大肆炫耀财富的时候，林肯诚恳地对选民们说：“有人曾经问过我的财产有多少，我坦白地告诉大家。我有一个妻子和三个儿子，这些对于我来说，都是无价之宝。除此之外，我还租了一个办公室，办公室里有一张办公桌和三把椅子，墙角有一个大书架，书架上的书值得我们每一个人去读。至于我本人，又瘦又穷，脸也很长，没有丝毫的富贵相。在这次总统大选之中，我没有太多的选举经费做依靠，唯一可以依靠的就是你们。”

林肯没有足够的经济实力作为后盾，不可能像道格拉斯那样制造一个豪华强大的阵容。但是，在这次大选中，林肯却轻松地击败了道格拉斯这位百万富翁。他之所以能够取得选民的信任，当选为新一届的总统，是因为他用最淳朴的语言、最真挚的感情打动了每一个选民的心。那句“唯一可依靠的就是你们”深深地打动了选民。选民们迅速将林肯当成了自己人，自发地对他给予支持。结果，林肯在选举中胜出，顺利当选为美国总统。

林肯曾经说过：“一滴蜜比一加仑胆汁能够捕到更多的苍蝇，人心也是如此。假如你要别人同意你的原则，就先使他相信：你是他的忠实朋友即‘自己人’。用一滴蜜去赢得他的心，你就能使他走在理智的大道上。”无数事实告诉我们，当对方将你与他视为同一类人的时候，对方就乐意与你进行交流沟通，你所提出的观点对方也愿意接受。

在生活中，怎样才能制造“自己人效应”，让对方有志同道合的感觉呢？心理学家为我们提供了如下几点建议。

(1)对于对方讲的话，不能反驳，而是要表示自己有同样的想法或者是经历。

(2)效仿对方的动作或者是行为，引起他的“知音感”。从心理学的角度上来讲，肢体动作属于交流的一种形式。如果对方感觉到你的一举一动都和他非常相似，那么他就会觉得你们属于同一种人，有共同语言。如果你向他提出一些要求的话，那么他就会非常乐意满足你的要求。当然，在效仿对方的时候，一定要注意做到恰到好处，否则对方会认为你的模仿是对他的侮辱，也就会对你产生讨厌心理。

(3)培养共同的爱好。在生活中，人们往往会因为彼此间存在着一些共同感兴趣的东西而走在一起。如果你能够和某个人有着共同爱好的话，对方就会愿意与你建立亲切友好的关系。因此，你就应该努力培养与别人相同的兴趣爱好。

用亲和力瓦解对方心理防线

"攻心为上，攻城为下，心战为上，兵战为下"，这是中国古代兵法中的一条计策。这条计策也是犯罪心理学家在审讯犯罪嫌疑人时常用的一种方式。因为在犯罪心理学家看来，犯罪嫌疑人一切的问题归纳起来都是心理的问题。只要能够瓦解对方的心理防线，一切难题就会迎刃而解，一切问题就都不再是问题。

那么，究竟如何攻心呢？犯罪心理学家在审讯犯罪嫌疑人的时候经常使用如下几种方法，这些方法对于我们来说，具有很大的参考价值。

1.以法交战

就是打消犯罪嫌疑人在法律问题上的一些忧虑和猜测。犯罪心理学家在审讯犯罪嫌疑人的时候，通常都会向对方认真讲解相应的原则、量刑的根据、制定法律的目的、坦白从宽抗拒从严的政策等。与此同时，他们还会选择一些经典案例进行剖析，有针对性地选择一些与犯罪嫌疑人相关的法律条文，并认真地向其进行解释，以此来打消他在法律问题上的顾虑与不解。

2.以良知交战

犯罪心理学家一再强调，世界上并没有十恶不赦的人，也没有完全丧失良知的人。他们在和犯罪嫌疑人打交道的时候，不单单向对方说明触犯了什么法律，还会从社会公德方面对其进行劝说，告诉他做的事给家庭、社会带来了什么样的影响。在以良知攻心的过程中，犯罪心理学家会把道理向犯罪嫌疑人说清说透，在必要的时候还会对其进行反驳，以此来唤醒他的良知，让他主动认罪伏法。

3.以情交战

就是利用犯罪嫌疑人的弱点，刺激他心灵最脆弱的一部分，让其受到感化。犯罪心理学家在利用以情攻心的时候，会在事先了解一下犯罪嫌疑人的年龄、阅历、文化程度、家庭状况、经济条件、社会背景等各方面内容，然后再选择一个特定的日期或者是特殊的事情用语言来刺激对方的感情，让他感到内疚与自责，后悔自己的犯罪行为，主动坦白犯罪事实。

4.以礼交战

犯罪心理学家在审讯犯罪嫌疑人的时候，很少会把对方当成阶下囚，而是尊重对方的人格，关心他们的生活。当犯罪嫌疑人彷徨无助的时候，犯罪心理学家总能够用尊重与温情来表达尊重。这种尊重就好像在对方的心里注入了一股清泉，让犯罪嫌疑人和心理学家的心理距离骤然拉近，抵触情绪大大削减。同时，犯罪心理学家还会逐步让犯罪嫌疑人产生可靠感与可信感以及依赖感。

5.揭露犯罪嫌疑人心理上的矛盾

犯罪心理学家知道，每一个犯罪嫌疑人都明白“躲得了初一躲不过十五”的道理。因此，他们会利用法律政策以及所掌握的事实来“诱惑”对方，让他们了解少交代不如多交代、晚交代不如早交代的道理，一步步促使他们的心理发生变化，让其感到不说不行，不说会遭重判。

6.揭露犯罪嫌疑人口供上的矛盾

当犯罪心理学家发现犯罪嫌疑人的口供有前后矛盾的地方时，就会紧抓不放，直接指出矛盾所在之处。这样一来，就会给犯罪嫌疑人形成巨大的压力，让他内心的侥幸彻底落空，在无法圆谎、难解其说的情况之下，犯罪分子不得不收起如意算盘，乖乖交代犯罪事实。

7.揭露其行为上的矛盾

面对那些参加犯罪团伙的犯罪嫌疑人，犯罪心理学家会根据其他犯罪成员的交代或者是手机、电话单等来搞清楚犯罪团伙的活动轨迹，在审讯的过程中，及时地揭露其行为供述上的矛盾以及一些不实之处，迫使其放弃侥幸心理，老实交代犯罪事实。

8.借用外援，迫其就范

如果犯罪嫌疑人的内心非常强大、软硬不吃的话，犯罪心理学家就会借用外援来向其增加压力，来攻破他的心理防线。比如，在审讯的过程中，会邀请其他同事一起参加审讯，配置好录音录像等设备，让犯罪嫌疑人感觉到心理学家已经下定决心，不破此案誓不罢休，让其产生老实交代、争取宽大处理的想法。除此之外，犯罪心理学家还会通知犯罪嫌疑人的家属、朋友，让他们一起来对犯罪嫌疑人进行规劝，促使其在亲情友情面前老实交代问题，争取宽大处理。

第10章

强势气场策略：震摄对方的心理

心理学家说，几乎所有的人都有一种欺软怕硬的心理，你表现得越低调，越柔顺，对方可能就会越嚣张。无论你提出的要求多么合理，对他多么有利，都会遭到无情的拒绝。反之，如果在交谈氛围中，你用强势的态度作支撑，表现出强大的气场来，就能在短时间内震慑对方，击垮他的傲慢与偏见。如此一来，你就掌握了交谈的主动权。

如何利用心理策略来抢占先机

犯罪心理学家通过多年的实战经验告诉我们：赢得胜利的关键就是要迅速抢占先机。机会不会永远存在，谁先抢到了，就能在气势上压倒对方，扮演一个强有力的进攻者的角色，进而以摧枯拉朽之势摧毁对方的心理防线，取得心理交锋的胜利。

犯罪心理学家在和犯罪嫌疑人打交道的时候，通常都会在第一时间里抢占先机，让对方只有招架之力而无还击之能，从而在很短的时间内取得对决的胜利。

美国尼米兹航空母舰上曾经发生过这样一件事。

一日中午，士兵们正在航母上休息。突然，一名情绪激动的士兵用枪顶着一名厨师的后脑勺。船上的气氛顿时紧张起来。威尔斯闻讯匆匆赶来。他对士兵说："我的兄弟，你先别激动，能告诉我发生了什么事吗？"

"我讨厌这里，我讨厌打仗，我不愿意做无谓的牺牲，这该死的战争让我失去了和家人团聚的机会！"情绪激动的士兵大声地咆哮着。而被他作为人质的厨师此时已是双腿发软，几欲昏过去。

看这架势，威尔斯知道，如果采取强硬手段的话很可能会让枪走火，那名可怜的厨师也就会命丧黄泉。经过慎重考虑，他决定采用心理强攻的方式来让对方乖乖地放下武器。于是，威尔斯不断地安慰士兵。半个多小时之后，士兵的情绪缓和了下来。威尔斯见时机成熟，就对他说："其实你的家人何尝不想和你早日团聚，只是他们知道你是在为了捍卫美利坚合众国的利益而战。他们都以你为荣，他们也都一致认为你是一个有责任心有爱心的人……"士兵听着，眼圈红了，几乎掉下泪来。威尔斯继续说："目前你可能遇到了一些烦心事，但你要有信心，相信这些事情不会持续多长时间。如果你采用这种极端的方式来解决问题的话，恐怕你的家人就会非常失望……”话未说完，士兵竟然嚎啕大哭，他的手一软，枪掉在了地上，厨师得救了。

威尔斯通过对士兵的心理疏导，成功地击破了他的心理防线，最终避免了一场悲剧的发生，也让这起意外事件有惊无险。如果他不能摸透对方的心理，只知道硬劝或者是训斥的话，恐怕就会是另一种结果了。

如何做才能抢占先机，重创对手的心理防线呢？心理学家为我们提供了如下几点建议。

1.找到对手心理脆弱的一面

心理学家认为，尽管人的性格不同，但内心深处都有非常脆弱的一面，只不过是有人愿意表现而有人善于伪装罢了。因此，在和对手进行交锋的时候，首先应该认真观察、仔细分析，找到他心理脆弱的一面，然后再发动强攻，击垮他的心理防线。

或许有人认为，自己观察能力有限，分析能力不足，无法在短时间内了解对方的心理脆弱点是什么。针对这一点，心理学家也给我们提供了几点有利信息：一般情况下，一个人最在乎的莫过于自己的家人、利益以及名声。最在乎的地方也往往是最脆弱的地方，在和别人打交道的时候，我们完全可以从这几点入手，抢占先机，攻破对方的心理防线。

2.将安慰对手当成第一任务

心理学家告诉我们，抢占先机，重创对方的心理并不等于是挖苦、打击某个人，而是以安慰为主要表现途径的心理攻势。毕竟，在大多数情况下，这是面对情绪激动的对手时才采取的方法。因此，在和一个情绪激动的对手进行交锋时，要把主要注意力放在安慰对方的情绪上。也唯有如此，才能俘获对方的心，让对方心甘情愿地向你“缴械投降”。

3.随时随地练就抢占先机的慧眼

心理学家一再强调：“早一点下手，成功的机会就早一点来临。”言外之意很明显，就是告诉我们在和对手进行心理交锋的时候，要瞪大眼睛，瞅准机会，及时出击。道理非常简单，是否抢占先机，直接关系到心理较量的成败。

究竟怎样才能抢占先机呢？心理学家说，这就要充分发挥眼睛的功能了。换句话说就是要把眼睛的注意力放在对方的表情上，通过观察对方表情的变化来了解其心理情绪的变化。一旦发现对方的神色出现异常时，就要及时出动，发起“攻击”，重创对方的心理防线。

说话不要给对方反击的空间

有着丰富心理战经验的高手在和很多对手交锋之后，往往会得出这样一个经验：很多时候，想要在心理战争中占据优势并不难，你只要斩断对方的后路，让对方无路可走、束手就擒，进而促使对方坦承事实，或者是按照你的意愿行动。在心理战争中，一定要从实际出发，如果你能够掌握很多对方的底细和第一手资料，就能够胸有成竹地向对方发起攻击。如果你对于对方的实际情况不了解的话，即便掌握再多的心理战术，接连不断地向对方施压，也难以攻破对方的心理防线，更不能让对手就范。

犯罪心理学家对这种审讯方法掌握得游刃有余，在他们看来，如果你在进攻对手内心的时候事先切断对方的后路，就能够在很大程度上震慑对方，因为你已经掌握了对方充足的证据，即便对方如何巧舌如簧，在如铁的事实面前，他们的狡辩也是站不住脚的，这时候对方就会暴露出其虚弱的内心，你也就能够顺势而入，势如破竹地占领对方的心理阵地了。

犯罪心理学家在审讯嫌疑人的过程中，会精心营造一种氛围。比如，他们会在审讯室的布置上花费很大的精力，而这种氛围会让嫌疑人产生坐卧不宁、如坐针毡的感觉；另外，审讯现场一定要布置一些带有神秘性色彩的

灯光。犯罪心理学家在审讯嫌疑人之前，还会准备大量的资料，之后将这些资料摆放在嫌疑人的面前，其实这些资料很多并不是他们正在调查的案子的资料，可是一旦他们拿出很多资料来，对方从心理上就会产生巨大的压力，他们会认为警方已经将他们的行径完全掌握在手中了，而这些措施就起到了切断对方后路的作用。此外，犯罪心理学家还会在墙壁的装饰上进行精心布置，他们会将几张资料图片挂在审讯室的墙上，这样就会凸显出这次调查的正式性和规模性，告诉对方自己已经掌握了对方的资料，任对方再怎么狡辩也是无济于事的。如此一来，犯罪心理学家就更容易达到走人他人内心的目的。

曾在美国联邦调查局供职的一位名叫约翰·道格拉斯的犯罪心理学家说，他审讯嫌疑人的时候，会在墙上挂一张图标，而图标上显示的内容就是各种犯罪行为所对应的罪名标准以及应当受到的惩罚。在约翰·道格拉斯看来，这种做法能够给嫌疑人制造巨大的心理压力，进而提醒嫌疑人不要和心理学家展开过多的周旋，因为这会加重他的罪行。如此一来，在审讯还没有开始的时候，嫌疑人心中已经有些慌张了，他们此时想做的事情就是坦白自己的行为，进而争取宽大处理，而犯罪心理学家在这一过程中也很好地确立了自己在嫌疑人心中的威信，这也就增加了犯罪心理学家取得胜利的希望。

可以说，犯罪心理学家在多年的侦破工作中，采用“切断对手后路”的办法抓获的嫌疑人并非少数。通过犯罪心理学家的这些经验我们可以知道，在和对方进行交战的时候，要想方设法采取切断对方后路的手段，而要想达到这个目的，最主要的就是让对手清楚地了解到他目前的处境。你可以通过各种布置和材料让对方产生一种心虚的感觉，让对方意识到，你已经对他的行为了若指掌了，而对方的任何借口和狡辩都是徒劳的，只有尽快地承认事实才是最好的办法。而在实际的心理战中，切断对方的后路这一做法是一种非常重要而且有效的策略，它能够让对方越来越心虚，会从刚开始的强硬态度变得软弱，逐渐被你的气势所控制，接下来对方就会一步步后退，直到毫无退路为止。换个方法来讲，在心理战中，让对方看到自己的实力和已经掌握的资料非常重要，因为任何人在铁的事实面前都会六神无主，这种办法会让你在心理战中对对方产生强大的震慑作用，进而切断对方的后路，牵制对方的心理，从而成为最后的胜利者。

保持严肃的态度，让对方感受到威慑力

我们知道，在和人打交道的时候谁也不愿意碰到一张冷冰冰的脸，而是希望遇到一个亲切和善的面孔、一张微笑迷人的表情。不过，这并不是说在与人沟通的时候，无论遇到了任何情况都要以微笑对待别人。事实上，在很多时候，微笑非但不能成为沟通的利器，反而成了交流的阻碍。

心理学家告诉我们，和友善的人交往，要表现出亲切迷人的笑容，建立一个和谐愉快的沟通氛围，以此来感化对方，进而达成共识，取得沟通的胜利。但是，如果遇到了非常自负、态度恶劣而又不愿意和你进行合作的人，说话时就应该表现得严肃一点了。因为在这个时候，微笑非但不能感化对方，反而还会让他认为你是一个老实可欺的人。如果在谈话中，你从头到尾都面带笑容的话，那么，交流的主动权就会牢牢地掌握在对方手中，而你则处于下风，只能扮演陪衬者的角色，到最后，你就可能会被其“绑架”，在不知不觉之中按着他的思路去办事。

犯罪心理学家罗格是联邦调查局里公认的“冷面杀手”。他相貌平平，中等个子，却因为那张不苟言笑、不怒自威的面孔而让那些高大魁梧的嫌疑犯们望而生畏。无论那个嫌疑犯表现得多么固执和强硬，一旦落在罗格手中就只能束手就擒，坦白交代。

在审讯嫌疑犯人的时候，一些探员通常都会采取“晓之以理，动之以情”

的方法和犯罪分子进行沟通,在绝大多数情况下,都能够取得非常好的效果。但是,一旦碰上了狡猾的犯罪嫌疑人,这种沟通方式就不能发挥作用了。遇到这种情况之后,探员们就会请罗格出面,让他来进行审讯。罗格来到审讯室之后,常常是一言不发地坐在犯罪嫌疑人面前,面若冰霜,眼睛一直盯着对方看。结果,犯罪嫌疑人被看得心里发毛,精神崩溃,最后不得不老实交代犯罪事实。

其实在私底下,罗格并不是那种骄傲自大、待人冷淡的人。无论是对同事还是对朋友,他都非常热情,脸上常带着亲切的微笑。只在面对犯罪嫌疑人的时候,他才会摆出一副高高在上、冷漠严肃的面孔来。有人对他这种“变色龙”的做法很不解,就问他:“为什么你见到犯罪嫌疑人的时候总是不苟言笑呢?”罗格回答说:“微笑是给朋友的,而不是给敌人的。对朋友来说,微笑能够传递友情和亲善,但是对敌人来讲,微笑却代表着懦弱和处在下风。在一个态度蛮横、自以为是的人面前,如果你给他一副灿烂的笑容,就会让他觉得你老实可欺,容易上当受骗。他就会想办法转移你的注意力,让你跟着他的思路走。如果你不苟言笑,表现得非常严肃的话,就显得比他更强势,也就牢牢掌握住了沟通的主动权,可以对他的心理产生较大的震慑作用,让他不得不臣服于你,听从你的安排。”

笑容能够融化别人心中的坚冰,而严肃的表情则能冲击对方的心理防线。这句话的另一层意思就是,一个人的笑容越多,给人造成的压迫感就会越低,在与人交流的时候所带来的威信就会越低。严肃的表情虽然会给人以冷淡的感觉,会拉开与别人的距离,但这种表情却容易引起他人的敬畏,使其不敢贸然相欺,在交流沟通的时候也不敢讨价还价,甚至连大声说话都不敢。

在生活中,有很多成功人士都会在公共的场合中表现出严肃的表情,以此来征服别人。

心理学家说,在这个社会上存在着许多欺软怕硬的人。你表现得弱势一些，他就会对你吹胡子瞪眼、颐指气使，把你当“奴才”看；如果你表现得非常强势，他就会心里发虚，对你也会低眉顺眼、言听计从，把他当成你的“奴才”。因此，对待这样的人，就没有必要表现得太亲切，也不用上给他们笑脸，而是要以严肃的表情出现，以此来打击他的气焰，震慑他的心理，让他按照你的意愿去说话、做事。

密集攻击让对方招架不住

犯罪心理学家在审讯犯罪嫌疑人的时候，经常会采用步步紧逼发问的方法来迫使对方交代犯罪事实。在犯罪心理学家看来，犯罪嫌疑人被抓之后，依然会存在一些侥幸心理，认为只要自己不开口，警方不能奈何他。为了让其开口。犯罪心理学家会在审讯的时候提出让其猝不及防的问题，并步步紧逼，以此来摧毁他的心理防线，让其缴械投降。

一次，警方破获了一起杀人事件，将犯罪嫌疑人逮捕归案。但是，由于找不到杀人工具，所以尽管许多辅助性的证据都将矛头指向了这名犯罪嫌疑人，但从程序上来说，案子不能成立，从而使审讯进入到僵持阶段。因此，狡猾的犯罪嫌疑人百般抵赖，坚称自己是被冤枉的。

最后，犯罪心理学家决定采用连续发问的形式来对犯罪嫌疑人进行审讯。两名来到审讯室，一名负责不停地发问，另一名则注意观察犯罪嫌疑人的表情变化。

“死者和你是什么关系？”

“你为什么要杀死他？”

“你使用的工具是铁棒吗？”

“你是用刀叉把他杀死的吗？”

“你使用的是剪刀吗？”

“你使用的是扳手吗?”

“你使用的是手枪对不对?”

犯罪嫌疑人表现的得桀骜不驯,对犯罪心理学家的询问嗤之以鼻。不过,犯罪心理学家并没有泄气,而是继续追问,提问的问题一次比一次尖锐,声音一次比一次大。最后,犯罪嫌疑人招架不住,乖乖地交代了用扳手杀人的犯罪事实。

犯罪心理学家在实际审讯的过程中,经常会到这样的情况:在向犯罪嫌疑人提出问题后,犯罪嫌疑人要么是嘴巴紧闭,一脸不屑,要么是顾左右而言他。在这个时候,作为提问者的一方,如果情绪失控,就会进入犯罪嫌疑人精心设计的圈套之中。在这种情况下,需要做的不是急躁与愤怒,而是要让自己镇定下来,调整情绪,以连珠炮的问话去击垮对方的心理防线,夺回话语主导权,来获得最终的成功。

心理学家告诉我们,在现实生活中,有一些人非常固执,不愿意倾听别人苦口婆心的劝说、推心置腹的交流。在他们看来,别人的规劝就是恳求,道理就是诱惑。因此,他们会百般抵制,拒不听从。碰到了这种情况,如果采用常规交流方法的话,就会让自己处于下风,成为沟通交流中的弱势者。要想取得良好的效果,就应该改变战略,用步步紧逼不断发问的形式来发起猛烈的攻击,以强大的火力粉碎对方的幻想,击垮他的心理防线,赢得最终的胜利。

当然,步步紧逼发问的沟通方式并不是只要有一个良好的意愿就可以了,它还需要掌握一定的方法,注意一些必要的事项。那么,究竟该如何做呢?心理学家给我们提供了以下参考意见。

1.保持自信的心态

在很多时候,我们会面对一些内心强大、态度蛮横的沟通对象,他们的身上存在着非常强大的气场。如果你没有强大的心理素质和自信的心态,很可能就会对其产生一种恐惧,也会在不知不觉之中被对方所控制。一旦被对方控制了,那么,无论你的道理多么正确,准备得多么充分,都无法派上用场。由此可见,一个自信的心态何等重要。

2.问话要抓住重点

步步紧逼的发问并不是说问的问题越多越好。如果你提问的问题与谈论的话题无关,尽是一些不痛不痒的话,那么,就难以产生良好的效果。故而,在步步紧逼提问之前,你应该了解什么是重点,哪些问话可以有效地击垮对方的心理防线,如果不能,最好别说,免得浪费口舌,也让对方小瞧了自己。

3.问话时不要进行人身攻击

步步紧逼的提问,有助于增强自己的气势,但也很有可能出现另一种情况:激怒对方。如果对方一旦被激怒,心理防线非但不会垮掉,斗志反而得到加强,如此一来,就很有可能引起一场战争。那么,怎样做才能既不激怒对方又能有效地击垮他的心理防线呢?其实,非常简单,只需牢记不对对方进行人身攻击就可以了。因为,一个人的恼羞成怒、义愤填膺、怒不可遏多是在人格受到了攻击,自尊受到了伤害之后才会发生的反应。

恩威并施,让对方说实话

我们都认为,儿童是最诚实的,因为他们都不善于撒谎,即便撒了谎,我们通过一些方法也能够让他们说出实话来,这就是通过连哄带吓的方法。其实对于成人也可以利用这种方法来套出他们的实话。

心理学家认为,每个人身上都存在两种心理,也就是成人心理和儿童心理。比如一个成年人,他在平时的举动中可能异常稳重、成熟,在众人面前风度翩翩,举止超常,是众人眼中不折不扣的领袖人物,可是一旦他回到了家里或是在自己非常熟悉的人身边,则显得如同小孩子一样,这就是成人心理和儿童心理在作祟。在公众场合，他会利用成人心理去思考和处理事情，可是等他到了自己熟悉的环境之后，见到自己亲近的人之后，他的儿童心理就会逐渐显现出来，尤其是在爱人面前，更会显得无所顾忌，所以很多女人说男人都是长不大的孩子，这就是儿童心理的作用。犯罪心理学家在审问嫌疑人的时候，就会抓住儿童心理对嫌疑人进行审讯。他们为了能够彻底摸清对方的心理，有时运用连哄带吓的手段逼迫对方说出自己的真实意图，而这一手段他们称为成人心理战和儿童心理战相结合的战术。

所谓"成人心理战"，资深的犯罪心理学家伯德林格曾做过这样的解释："成年人都有了完整的思维意识，这个时候你去诱导他们可能很难，但是他们在经受过挫折和失败之后，就会变得容易恐惧，所以威吓有时候更能够让犯罪嫌疑人招供。"从伯德林格的分析中我们能够得知，运用成人心理战的时候乎用威吓这一手段，利用对方的恐惧心理来摸清对方的真实意图，让对方在战战兢兢、惶惶不安之中按照我们的思维去行事。

同时，伯德林格对"儿童心理战"也做出了这样的解释："每一个人的天性中都有依赖心理，而人最愿意依赖的就是自己的父母，所以我们在审讯的时候就会用哄小孩的方式对待一些犯罪嫌疑人，让他们逐渐相信我们，一点一点地交代出自己的犯罪事实。"从这段话中我们能够得知，在运用"儿童心理战"的时候，你要懂得如何去哄骗对方，取得对方的信任，从而摸清对方的心理意图，让他们逐渐信任我们，从而在这个过程中逐渐掌握对方的思维。

在现实生活中，我们可以运用这两种战术，也就是抓住对方的恐惧心理和依赖心理，从而牵引住对方的思维，让其随着我们希望的方向发展，进而让我们完全掌握对方的心理，从而赢得竞争。那么，我们要怎样运用这两种心理战术呢？

1.摸清楚对方内心深处最为恐惧的地方，重拳出击

世界著名心理学大师艾宾浩斯说过："每一个人的内心深处都有两块禁忌之地，一块是让他最伤感的地方，一块是让他最恐惧的地方，而对人伤害

最大的并不是最伤感的地方，而是最恐惧的地方。”犯罪心理学家斯蒂芬·嘉纬修斯科也说：“在审讯的过程中，如果能够让犯罪嫌疑人感到恐惧，那么他们就会将犯罪经过交代得清清楚楚，因为恐惧是突破心理防线的最有力武器。”正如他们二人所说，我们在日常生活中与竞争对手展开心理较量的时候，如果能够抓住让对方感到最为恐惧的地方，并重拳出击，就能够让对方自乱阵脚，不知所措，从而势如破竹般攻破对方的心理防线。很多人说，怎样才能够知道对方感到最为恐惧的是什么呢？其实不难，如果对方极力回避什么，那么这往往就是对方感到最为恐惧的地方，所以，我们要善于观察对方是否在有意无意地回避什么，如果对方故意回避，你就可以深入地追问，这往往就是他们最不愿面对的地方，也是感到最为恐惧的地方，这时候你就可以将对方一举拿下。

2.以“哄”的手段逐渐获取对方的信任，察觉其真实意图

心理学大师弗洛伊德曾经说过：“那些我们爱听的话，往往都是谎言，耳朵舒服的同时，我们的身体和内心会遭受更大的伤，在恭维中接受别人的要求。”因此，和竞争对手进行交流的时候，不仅仅要利用对方的恐惧心理，也要通过“儿童心理”的战术攻占对方的心理领地，因此，我们要学会用恭维或者亲近的语言获得对方的信任，逐渐让其丧失警惕，从而逐步掌握对方的心理。当然，对方是成年人，我们不能够完全将其当做儿童对待，所以在“哄”对方的同时还要注意用缜密的思维方式说服对方，让对方将其真实意图吐露出来。只有这样，你才能够赢得这场对话，才是这场心理博弈中的胜利者。

不露底牌，让对方摸不着头脑

在生活中，很多人都比较喜欢和一些心无城府的人打交道，因为这样的人比较坦率，从来不会藏着掖着，心里有了事情就会表现在脸上。因此，对

于我们来说，在和别人打交道的时候，无论别人说了什么话，都要尽量地让自己的面部表情保持平静，做到不露深浅。这样的话，就会给对方的心理带来震慑作用，也让自己在交谈中处于不败之地。

心理学家告诉我们，如果有人向你滔滔不绝地灌输信息，而你对他的话感到怀疑而又抓不到证据的话，就不妨先不要表态，而是采用沉默、漠然、面无表情的方式来应对一下，给对方造成一定的神秘感，他就不敢再欺骗你了。如此一来，主动权也就转移到了你的手里。

罗伯特是某公司的一名主管，一次他向下属交代一项非常艰巨的任务。他在交代完毕之后，下属们纷纷开始了抱怨。有人说："我们部门人手有限，完成这么大的工作量简直就是痴人说梦。"有人说："我们经验不足，制定这么大的工作量简直就是强人所难。"还有人说："人手不足经验不够倒不是什么大问题，只是时间太仓促了，能不能宽限些时日？"

看着叫苦连天的下属，罗伯特没有任何表示，只是坐在那里静静地看着他们。下属们见他不说话，面无表情，先是觉得没趣，后来又觉得他知道了自己的心思，只好装作经过一番内心斗争的样子叹了一口气，说道："好吧，既然任务制定下来了，我们争取努力完成它。"说完之后，他们就退出了办公室。等到下属们关上房门之后，罗伯特的脸上露出了一丝不易觉察的笑容。

罗伯特当然知道这项任务有困难，不过他也知道，只要下属们尽心尽力地去做了，就一定能够完成。因此，在下属们抱怨的时候，他就一言不发，面部表情中不透露任何内心想法，这样一来，下属们只好收起那些谎言，把精力投入到工作中去了。

心理学家说，越是不露深浅的人就越显得神秘，也就越能够体现出他的威严和城府，从而起到震慑他人的良好效果。因此，聪明的人就要把自己的真实情感隐藏起来，不让别人窥视自己的底细和实力，从而给人造成一种揣测感。

在某个商场中，一名顾客经过一件件的比较，看上了一件款式新颖的衣服，她拿起衣服看了又看，满脸欢喜。精明的导购小姐看到之后，就主动上前答话："小姐，您的眼光真是不错，这件衣服简直就是为您定做的，如果您穿着这件衣服上街的话，绝对是路上的一大风景。"

顾客只是笑笑，并没有说话。

导购小姐接着说："这件衣服的标价是 350 元，如果您要是想要的话，300 块钱拿去吧。"

顾客听了之后，依然是没有说话，嘴角上还露出了一丝嘲讽的笑意来。导购小姐看了，有些丧气，就问道："依您看，多少价位才算合适呢?"

顾客并没有从正面回答，而是冷冰冰地说了一句："你在这里卖衣服真有点亏才了，依我看，你还不如去抢劫呢。"

导购小姐一下子泄气了，但是她仍然不肯说出实际价格，而是强打精神，继续说："这么着吧，看您这么识货，260 元拿走。"

顾客感觉这个价格还是有点高，就继续摆出一副不屑的表情。导购小姐看了，觉得很奇怪，心想：她不离开就说明她喜欢这件衣服，她不说话难道是知道了这件衣服的真实价格却不愿意说出来，只想捉弄一下自己？接着又想：算了，还是别耽误时间了，把真实价格告诉她吧，虽然少赚点，但总比不赚钱强。于是，这个导购小姐就带着恳求的语气对顾客说："算了，我是真服了你了。好了，这件衣服 180 元，你要是喜欢呢，就拿去，如果觉得价格还是有点高，我就真的无能为力了。"

顾客见目的达到了，掏钱把衣服买走了。

这个顾客可能不太精通讨价还价，但是她能够做到扬长避短，不露深浅。无论导购小姐怎么说，她都不做出正面反应，要么是冷冰冰的，要么就是满脸讥讽。导购小姐看到她这一副高深莫测的面孔，心里发虚，为了能够把衣服卖出去，只好把底线说了出来。

在别人占据语言上风，主导整个谈话，而谈话对你又不利的时候，你没有必要惊慌失措，也没有必要任人摆布，更没有必要大动肝火，而是应该保

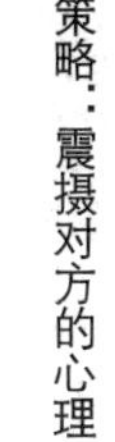

持一种喜怒不形于色的表情。这样一来,对方就无法从你的表情和情绪中掌握信息,更没有办法主导下一步的谈话,接着,他就会因为心虚而产生恐惧的心理,从而在强大的心理压力之下不得不选择认输。

第11章

迂回沟通策略，以柔克刚达成目标

心理学家认为，在交谈中“以硬碰硬”的方式不足取，以柔克刚更有效。这是因为，采取强硬的方式与之交流，只会加剧对方的强烈反抗，不能让他放弃个人的主张，甚至容易造成矛盾冲突的升级，还有可能造成双方的决裂。为了避免出现这种情况，应该使用心理柔化法，用真诚、宽容、善意来感动对方。

“坏”话的好听说法

在工作和生活中，有不少人喜欢追求“表里如一”。他们认为，作为一个正直豪爽的人，在语言上也应该直接坦率一些，没有必要藏着掖着、欲说还休。心理学家告诉我们，这种想法和做法是错误的，在和别人打交道的过程中，如果以这种方式对人的话，就很有可能出现僵局，让交谈的双方彼此都下不来台。

心理学家告诉我们，做人固然要正直、坦荡，但在说话的时候采取过于生硬和直率的方式，尤其是在双方意见不能达成一致的时候，这种方式就会让矛盾更加尖锐，造成不良结果。这是因为，不恰当的直言相告从某种意义上来说是对别人的否定，是对其自尊心的践踏，会招致他人的反感情绪和敌视心理。为了避免出现这样的情况，我们要尽量避免说话过于直接，采用比较委婉的方式来进行巧妙地表达，进而让对方逐步接受我们的意见。

在现实生活中，有许多和心理学家一样聪明的人，能够用比较委婉的方式表达意见，从而取得良好的效果。

有一家大型的外资公司，员工们对公司的低待遇强烈不满。公司领导尽管知道这一点，但却无动于衷，不愿意去改善员工的待遇。因为，在这位领导看来，工作人员都是智力平平之辈，能力上更是乏善可陈，对公司也没有认同感，在工作上缺少应有的激情，没有必要在他们身上浪费太多的金钱。当别人对他提出意见的时候，他就毫不客气地说：“我能‘收容’你们就不错了，就你们这样的工作能力和做事态度，哪一个公司也是不会要的。”

备受打击的职工们心冷到了极点，工作热情更加低落，上班时常常迟到。秘书看在眼里，急在心里，最后他决定向领导提议改善一下员工的待遇。

他找到领导，说："现在公司的大部分员工简直是没有办法来公司上班了。"

领导问："为什么呀？"

秘书回答："坐出租车吧，价钱太贵坐不起；坐公交车吧，又经常挤不上车。而且每月的交通费也是一笔不小的开支，他们根本拿不出这笔钱来。"

说完，秘书就叹了口气，两眼盯着领导。没想到，领导却说："那就让他们走吧，一文不费，而且可以借此运动身体，不是一个很好的办法吗？"

谈话陷入了僵局。但是聪明的秘书却没有知难而退，他接着领导的话说："不行啊，把鞋袜磨破了，他们买不起新的。不如这样吧，请您发出一个告示，提倡光脚走路，号召大家赤脚走路上班，这个问题不就解决了吗？要怪就怪他们生不逢时，生活在这个年代。谁让他们不去想发财的门路，却当苦命的员工？他们坐不起出租车，也不能鞋袜整齐地到公司上班，都是咎由自取！"

这位秘书边说边笑，领导听了心里感觉不是滋味，最后终于答应改善下属的待遇。

这位秘书并没有直冲冲地去劝说领导改善下属待遇，而是用开玩笑的方式含蓄地进行劝说。他没有说老板的一句不是，而是用嘲笑下属的形式来表达意见。尽管他是在批评领导太吝啬，但是由于采取的方式得当，最终不但没有惹怒老板，还让他认识到了自己的错误，主动去提高员工的待遇。

当然，委婉表达自己的意见也需要一定的方法，心理学家为我们提供了如下几种技巧。

1.留有余地

说话不要说得过于绝对，以免给对方造成抵触心理，同时也让自己失去回旋的余地。

2.间接提示

通过相联系的事件或者道理，间接地表达信息。让对方在推理中去感知，从而更好地接受你的意见。

3.旁敲侧击

不直接切入主题，用打擦边球的形式讲一些看似不相干的话，让对方在似有似无的语境中明白你的真实意图。

4.比喻暗示

将一些道理放在与之相类似的、具体的事例之中，从而让对方更好地去领会你所要传达出的信息和要表达的内容。

5.多用设问句

祈使句往往会显得比较武断和蛮横，让别人觉得你是在高高在上地发布命令，而设问句则是把双方放在了对等的位置，用商量的口吻去探讨问题。因此，后者更容易让人接受。

6.先肯定，再否定

出现意见分歧的时候，不能粗暴地去全盘否定对方的观点，而是先找出对方合理的内容进行肯定和赞扬，然后用转折句引出下文，提出更合理的意见和建议，以便于让对方愉快地接受。

真诚让对方成为朋友

对犯错误的人提出意见、进行批评是沟通之中的重要组成部分。这种沟通比较容易得罪人，因此，许多人难免会有些胆怯和不情愿，在语言表达上也难免会遇到一些障碍。但是，如果放弃这种沟通就是不负责任的表现。那么，究竟怎样做才既能达到目的又不得罪人呢？

心理学家告诉我们，在这种情况下，应该与对方推心置腹，以真诚的态度来感动他。当然，真诚的态度还需要正确的表现形式，这个正确的表现形式就是忠告式批评。心理学家告诉我们，忠告式批评比那种声色俱厉、措辞

强硬的方式更能产生良好效果。

为了证明这一点，心理学家给我们讲了一个故事：

有一个建筑公司的安全督察在视察工地的时候，发现有一些工人没有戴安全帽，就把他们叫到跟前，狠狠地批评了一通，严厉要求他们戴好安全帽。在大庭广众之下受到批评的工人非常不高兴，虽然都按照要求戴上了安全帽，但等安全督察一离开，就马上把安全帽扔到了一边。

后来，安全督察改变了方式。他再发现工人没有戴安全帽的时候，就改变了那种不管三七二十一的批评方式，而是先开口问工人是不是帽子戴起来不舒服，是不是帽子的大小不合适。然后用诚恳的态度告诉工人们：戴好安全帽是对自己生命的尊重和爱惜，也是对家人负责的表现，最后再恳求工人们在施工的时候把安全帽带上。结果，工人们都很乐意地戴上了安全帽，并且等他离开后也没有摘掉。

对别人进行规劝或者是劝阻的时候，要想顺利达到预期效果，首先要做到的，就是要让对方把话听进去。在心理学家给我们讲的这个故事中，那位安全督察后来使用的这种略带忠告的批评，效果明显比那种高高在上、声色俱厉、生硬冰冷的方式好得多。由此可见，忠告式的批评不仅能够很好地照顾对方的自尊心，给对方留足面子，还能令对方信服。

因此，我们在指出别人的失误时，应该态度真诚，用忠告来代替批评，唯有如此，才能够起到良好的效果，万万不能因为自己有理而采取激烈的态度，用尖刻的言辞去打击对方、伤害对方，而是要和心理学家一样，时时处处为别人留住面子。如果你在对待他人的失误或错误时，只知道一味地进行声色俱厉的批评，不考虑他的心理承受能力和面子，就很可能会引起对方的反感和敌视。

当然真诚沟通，以忠告式提出批评只是一个大致的方向，要想把握好这个方向，不仅需要良好的意愿，还需要有正确的方法。那么，怎样提出忠告才能够让别人愉快地接受呢？心理学家为我们提供了如下几点建议，以供我们参考。

1.忠告要诚心诚意

心理学家告诉我们,向别人提出忠告,首先就是要让对方了解到你对其诚心诚意的关怀。如果你只是一味地去批判,不能体现出真诚与关心,他们很可能就会对你产生敌视和厌恶的情绪。

对别人提忠告,要抱着体谅的心情。或许,他们在某些方面的表现的确不尽人意,但更可能是因为他们有着难言的苦衷,因此,我们应该体谅一下他们的难处,不能只用事实说话,一味地去责难斥骂。

2.要以事实为根据

忠告要想取得良好的效果,只有在了解了真实情况后再说。如果只是道听途说,捕风捉影,对得到的信息不加以分析,武断而又轻率地提出批评意见,难免就会引起他人的反感。

3.注意场合

我们在向他人提出忠告时要注意场合,最好是私下里说,万万不能在大庭广众下进行。如果有第三者在场,无论你说的话多么诚恳,你的意见多么正确,都不可能有效果。因为这样做会让受批评方显得很没有面子,你所有的努力也就有了"装"的嫌疑。

4.选择恰当时机

提出忠告式的批评意见时,还要选择恰当的时机。

在对方感情冲动的时候,我们最好闭嘴。因为在他冲动的时候,理智起不到半点作用,他也判断不清楚你的真意,这时进行忠告,非但不能解决问题,反而会让事情朝着相反的方向发展。

进行感情投资,换取丰厚回报

著名的心理学大师阿德勒告诉我们:"每一个人都是感情的宠物,他获

得的感情越多,就会变得越来越温和、善良,也乐意与大家分享这个美丽的世界。”犯罪心理学家艾尔伯特说:“当你将犯罪嫌疑人当成朋友,主动对其提供帮助,坦诚地和他们进行交流的时候,他们就会向你打开心灵之门,很少会拒绝你。”

犯罪心理学家在向犯罪嫌疑人心理发起强攻时,通常会通过进行感情投资的方式来换取丰厚的回报。因为他们知道,只有让对方感受到了自己的热情与真诚,对方才会回报给自己相应的东西,让自己得到意想不到的收获。

心理学家告诉我们,无论在任何时候、任何情况下,多一个朋友远比多一个敌人要好得多。因此,他们建议在和竞争对手进行交往的时候,要少一些排斥心,多向其进行一些情感投资。当然,在进行感情投资的时候还要讲究一些方法,心理学家为我们提供了如下几点建议。

1.感情投资,贵在真挚

一名资深心理学家曾经说过:“融化他人最尖锐的武器就是真挚的感情,而毁掉自己最尖锐的武器则是虚假的情感。”如果你想用虚情假意、逢场作戏来骗取别人的信任就大错特错了。毕竟,对方不是傻子,你的所作所为、所思所想,他都能看到眼里。无论你表演得多么精彩,伪装得多么巧妙,对方都能识破。故而,心理学家一再强调进行感情投资的时候一定要有真挚的情感因素,否则,只会弄巧成拙,非但不能得到对方的信任与好感,还可能加剧他对你的厌恶与仇恨。

可以说,感情是一个颇具杀伤力的东西,至于这个杀伤力是针对别人还是针对自己,最关键的还是要看你的感情是真还是假。

2.要有积极主动的精神,还要经得住考验

向别人进行感情投资需要自己的主动,如果只是停留在幻想阶段,最终的结果无异于缘木求鱼。另外,由于每个人对陌生人都会有一些抵触与疏远的心理,因此,当你主动向别人进行感情投资的时候,很可能会吃闭门羹,碰一鼻子灰。遇到了这种情况，你就不能心灰意冷、垂头丧气、意志消沉、选择放弃。须知，时间能证明一切，当你持之以恒、坚持不懈地对一个人表达善意与真诚的时候，对方心中所有的疑惑和误会都会烟消云散。只要你不怕遭到挫折与打击，一如既往地对某个人进行感情投资，那么对方就能了解你的真诚之所在，也会对你表示感激，对你产生好感，回报给你很多的东西。反之，如果打退堂鼓，轻易放弃，对方就会想当然地认为你没安好心，同时还会为识破了你的计谋而暗自得意。如此一来，两人的隔阂就会加深，误会就会加重，很难建立信任的关系。

适当打打同情牌

在生活中，倒苦水是很多人深恶痛绝的行为。他们认为，向别人诉说自己的苦楚，袒露个人的悲惨经历，是弱势的表现。将自己的不幸呈现在别人的面前，很可能会受到他人的挖苦与嘲笑，自己也将会成为喋喋不休、怨天尤人的祥林嫂。这种观点并不能说错，但是，心理学家告诉我们，诉苦并不是一无是处，在必要的时候，向别人诉说一下自己的苦楚，能够得到对方的同情，当别人产生怜悯之心的时候，也就愿意主动为你提供热情的帮助。

在一般人的眼里，犯罪心理学家总是威风凛凛、高高在上的形象。许多人在和他们打交道的时候，会产生一些恐惧心理，而在恐惧心理的背后，也会不自然地产生一些抗拒。因此，当犯罪心理学家提出合作愿望的时候，总会遭到一些或强或弱的抗拒。犯罪心理学家当然明白这一点，因此，他们在和有一些抗拒之心的人打交道的时候，都会主动收起高高在上的架子，以一种弱者的身份来和对方进行谈话。比如，在面对百般不肯提供信息的知情人面前，犯罪心理学家会面色凝重，向对方大倒苦水："这个案子发生已经两个多月了，到现在还没有一点线索。上头已经下了死命令，如果破不了案的话，我就要卷铺盖走人。如果真被开除了，我的老婆孩子就要去喝西北风了……”知情人听完这一番“悲哀”的话语之后，眼前就会浮现出对方的家人食不果腹的悲惨画面，同时也就产生了同情怜悯之心。为了帮助这名几乎走投无路的犯罪心理学家，知情人觉得如果再不提供线索的话，就太不地道了。于是，他就会将自己所知道的情况全部告诉对方，还会对其进行一番鼓励与安慰。

心理学家告诉我们，同情弱者同反抗强者一样都是人类的天性。面对一个不如自己的人，人们往往愿意向其提供帮助。

有一个大学教授曾经做过一个实验。他找来了几个具有较高法律意识的法律系大学生，对他们进行维护法制公平意识的测试。在测试中，他将事先录制好的一部模拟法庭审判的视频放给大学生们看。

在视频当中，被告的律师两眼含泪，表情沉痛，语言非常煽情：“法官大人，被告是偷了别人一笔钱，但是，他这也是迫不得已的选择。因为他失业已经两个月了，家里没有一分钱，他未满周岁的孩子尚在襁褓之中嗷嗷待哺，难道我们就忍心判处他重刑吗？我们能硬着心肠看着一个孩子没有饭吃吗？”

视频放完之后，那些原本认为为了维护法律的尊严和社会稳定的大学生们纷纷放弃了严惩的想法，他们在想法上达成了一致：被告偷钱不对，但不能受到太过严厉的惩罚。如果处罚过于严厉，就显得太不人道，也与法律制定的初衷相悖。

心理学家曾经毫不忌讳地告诉人们，每个人的内心都有自私的一面。面对成功人士或者是优秀的人，人们心里的嫉妒要大于羡慕。尤其是那些工作能力和自己差不多的人取得了一定成就的时候，这种嫉妒心就更严重。在这种情况下，如果那些成功人士向其表达合作意愿，需要他帮忙的时候，得到的绝不是受宠若惊，而是不屑一顾。但是，如果你以一个弱者的身份出现，告诉对方自己遭遇了多么大的不幸，经历了多少磨难与坎坷之后，对方就会对你产生一种同情心与亲切感，对于你提出的要求，也会马上答应。

不过，在向别人诉说苦楚的时候，还需要坚持一定的原则，否则就会产生对自己不利的负面效果。心理学家为我们提出了如下几点建议。

1.次数不能太频繁

适当地向别人诉说自己的不幸，比较容易得到对方的同情。但是，如果次数太多，就容易造成对方心理上的麻木与意识上的厌倦。无论你遭遇了多么悲惨的遭遇，对方在听多了之后也就不会有任何感觉了。他们非但不会产生怜悯之心，还会尽情地嘲笑你、捉弄你，如此一来，你就成为了别人眼中的小丑、被取笑的对象。

2.诉苦要有所保留

心理学家告诉我们，向别人诉说苦楚是换取他人合作的一种方式，只要能够达到目的就可以，没有必要说得过多。如果你不加选择，把所有的丑事与糗事都告诉对方，很可能就会授柄于人，也极有可能成为别人要挟自己的工具。故而，在诉苦的时候，要有所选择，有所保留。

用鼓励代替批评

当别人不愿意配合或者是做事不能满足自己的要求时，千万不要因为失望而产生愤怒的情绪。为了让对方改变想法或者是做法，往往会怒火中烧，厉声呵斥，咬牙切齿地奚落对方，毫无顾忌地批评对方。心理学家认为，这种做法并没有任何有效作用，非但不会产生良好的效果，还有可能让事情朝着相反的方向发展。

心理学家认为，毫无顾忌的批评具有极大的杀伤力和约束力，它会伤害别人的自尊，会约束他人的工作能力，扼杀他人的潜能，从而导致其做事越来越不能满足你的要求，最后极有可能在自卑和自暴自弃的情况下将事情

搞砸。因此，一般情况下，心理学家很少对别人进行严厉的批评，而是以一颗善意之心，给交谈对象以积极的鼓励。

心理学家福瑞克是一个非常善于处理人际关系的人。他在和别人交谈的时候，总能让对方鼓起勇气和信心，让其充满自信。一次，他和汤姆斯一起去参加一个派对。在派对上，大家玩起了桥牌友谊赛。桥牌对于汤姆斯来说，是一个完全陌生的游戏，因此，在打牌的时候，他屡屡失败。几次下来，别人对他充满了怨言，他本人也想退出比赛。

福瑞克见状，就放下手中的牌，一脸诚恳地对汤姆斯说："汤姆斯，你为什么要放弃呢？你的牌打得并不差，只不过是对其中的一些规则并不了解罢了。其实，这个游戏除了需要一些记忆力和判断力之外，就没有其他任何技巧可言了。你曾经对人类记忆有过深入的研究，如果能够把这些研究成果运用到打牌中来，就游刃有余了。"

汤姆斯听后，精神为之一振，于是又兴致勃勃地打起牌来。在打牌的过程中，他利用福瑞克告诉他的方法，很快就扭转了败局。同时，通过这一次桥牌游戏，他也明白了一个为人处世的道理，那就是：如果能够恰当地使用鼓励，就能在对方接受的前提下，指出对方的不足，并能令其有信心去面对错误与不足，然后改变它。

心理学家说，别人做错了事或者是不能满足你的要求，你当然有权力去批评他。但应该明白的是，批评的目的是为了帮助其改变错误，改善做法，而严厉的批评却并不能达到这个目的。须知，对方做错事的时候，内心已经痛苦自卑到了极点，如果你再说出一些难听的话，无疑是雪上加霜，会给对方造成极大的心理打击与伤害，也会让事情进入到无可挽回的地步。

心理学家强调，任何一个人的能力，都会在批评下萎缩，但却能在鼓励下绽放。因此，如果你希望对方做成某件事，那么，即使他仅仅获得了细小的进步，也不要吝啬你的鼓励。因为，每个人都需要他人诚恳的认同和慷慨的赞美。

在心理学上，有一个“保龄球效应”，说的是两名保龄球教练分别训练各自的队员。队员都是一球打倒了7只瓶。教练甲对自己的队员说：“很好！打倒了7只。”队员听了教练的赞扬之后，很受鼓舞，暗下决心，下次一定要再加把劲，把剩下的3只也打倒。教练乙则对他们进行了严厉的批评：“怎么搞的，还有3只没有打倒？”队员们受到指责之后，心情非常失落，还有一些不服气，愤愤地想：“你怎么就看不到我们打倒的那7只呢？”最后，教练甲训练的队员成绩越来越好，教练乙训练的队员却打得一次不如一次。

每个人都渴望得到他人的赏识与认同，并且会不惜一切代价去得到它，而鼓励则是对一个人的认同与赏识。如果能够获得他人的鼓励，他的内心一定会充满感激。因此，在和别人交流的时候，我们一定要用鼓励来代替批评，毕竟，当批评减少而鼓励增多的时候，人们所付出的努力就会增加；反之，若鼓励减少而批评增多，对方就会觉得受到了忽视，能力就会在下意识中萎缩，也就难以达到你的要求了。

心理学家认为，鼓励是加速器，而批评则是阻碍物。这就好比是一个人正在上坡，如果你在一旁鼓励他，向他喊加油，就等于是向上拉了他一把，可以让他很快就越过陡坡。反之，如果是讥讽和打击，则往往会让他泄气，出溜到坡底。因此，在与别人打交道的时候，就要心怀善意，用鼓励来代替批评。

如何影响对方心理

绝大部分犯罪嫌疑人在遇到犯罪心理学家的时候，都不会主动与其合作来主动坦白自己的犯罪事实。他们会采取种种方式来躲避犯罪心理学家的问话，或者是直接拒绝回答犯罪心理学家，这是让每一个犯罪心理学家都头痛不已的现象，也是他们每一个人都不得不面对的现实。遇到了这种情况之后，犯罪心理学家就会绞尽脑汁，与犯罪嫌疑人斗智斗勇，想方设法从其口中套出有利用价值的线索和信息。在和犯罪分子打交道的过程中，犯罪心理学家常用的一种方法就是“旁敲侧击”法。

所谓旁敲侧击就是在问话的时候不直接点明主题，而是从侧面曲折地加以试探或者是询问。和直接提问相比，这种方法要浪费一些时间，但是取得成功的概率要大得多。因为这种方式可以迅速地消除交谈对象的防御抵抗心理，能够让其紧绷的神经松弛下来，也容易使其受到麻痹，最终会不知不觉地进入到你所设计的圈套之中，在一不留神之际说出你需要的答案。

其实，旁敲侧击法并不仅仅是犯罪心理学家和犯罪分子进行较量时的专利，也是日常生活中智者与人进行交谈时常用的方法。

一天夜晚，值班的交警拦下一辆正在飞驰的黑色轿车。在车子靠边停车的过程中，交警清清楚楚地看到坐在副驾驶上的女士给司机的嘴里填了一块口香糖。见此情况，交警就已经断定该司机一定是酒后驾驶。

车子停稳之后，司机摇下车窗，装作一脸无辜地看着交警。交警非常随和，亲切地问道：“朋友，您今天和太太一块出去吃饭，玩得很愉快吧，要不然也不会现在才回家是吧？”

司机回答说：“是啊。”

交警非常关切地说：“为了能继续保持愉快的心情，你就应该慢点开车。您的太太坐在副驾驶位置上不太安全，你应该让她坐到后面去。”

司机愉快地答应了，但是却满腹狐疑：“这个交警怎么啦？他不给我吹仪器，也不问我是否喝了酒，反而和我套近乎，这究竟是怎么回事儿？”

正当他胡思乱想之际，交警突然问道：“今天吃的晚餐一定很丰盛吧，是吃的法国菜还是墨西哥菜？”

司机回答说：“意大利菜。”

交警笑道：“意大利菜很好啊，菜精致，浪漫还有情调，请问喝的是什么酒呢？”

司机随口回答说:“一瓶轩尼诗葡萄酒,之后又喝了点路易十四……”说到这里,他突然意识到自己失言了,下意识地捂住了嘴巴,但这一切都晚了。

交警笑了,既然司机已经承认喝过酒了,就没有必要再去对他进行酒精测试了。于是,他换上一副严肃的面孔,告诉司机说:“对不起先生,您违反了交通规章制度,按照规定应罚款30美元,您的驾照也将会被吊销,请您配合我的工作。”

司机叫苦不迭,后悔的肠子都青了。但是,一切都悔之晚矣,只好老老实实地听从交警的安排。

犯罪心理学家告诉我们,旁敲侧击的方法在日常生活中能够起到非常明显的“套话”作用,这种方法属于心理柔化术的一种,能够非常有效地击垮对方的防御心理,让其对你产生好感,不再与你为敌,从而在不知不觉之间透露出你想得到的信息。因此,在面对不肯与自己进行合作的交谈对象时,我们没有必要气急败坏,更没有必要选择放弃,而是要和犯罪心理学家一样,开启智慧,用旁敲侧击的方法进行套话,达到自己的目的。

参考文献

[1] 华生. FBI 读心术全集[M].北京:中央编译出版社,2012.

[2] 成果.心理学的诡计[M].北京:中国纺织出版社,2010.

[3] 凡禹,岳忆.一生要知道的心理学定律、经济学定律大全集[M].北京:新世界出版社,2011.